安徽省建设工程费用定额

主编部门：安徽省建设工程造价管理总站

批准部门：安 徽 省 住 房 和 城 乡 建 设 厅

施行日期：２０１８ 年 １ 月 １ 日

U0283791

中国建材工业出版社

图书在版编目（CIP）数据

安徽省建设工程费用定额/安徽省建设工程造价管理总站编 . --北京：中国建材工业出版社，2018.1
（2018版安徽省建设工程计价依据）（2018.1重印）
ISBN 978-7-5160-2083-8

Ⅰ. ①安… Ⅱ. ①安… Ⅲ. ①建筑工程—建筑预算定额—安徽 Ⅳ. ①TU723.3

中国版本图书馆 CIP 数据核字（2017）第 264851 号

安徽省建设工程费用定额

安徽省建设工程造价管理总站　编

出版发行：中国建材工业出版社
地　　址：北京市海淀区三里河路 1 号
邮　　编：100044
经　　销：全国各地新华书店
印　　刷：北京鑫正大印刷有限公司
开　　本：787mm×1092mm　　1/16
印　　张：4
字　　数：90 千字
版　　次：2018 年 1 月第 1 版
印　　次：2018 年 1 月第 2 次
定　　价：**68.00 元**

本社网址：www.jccbs.com　　微信公众号：zgjcgycbs
本书如出现印装质量问题，由我社市场营销部负责调换。联系电话：(010)88386906

安徽省住房和城乡建设厅发布

建标〔2017〕191 号

安徽省住房和城乡建设厅关于发布 2018 版安徽省建设工程计价依据的通知

各市住房城乡建设委（城乡建设委、城乡规划建设委），广德、宿松县住房城乡建设委（局），省直有关单位：

为适应安徽省建筑市场发展需要，规范建设工程造价计价行为，合理确定工程造价，根据国家有关规范、标准，结合我省实际，我厅组织编制了 2018 版安徽省建设工程计价依据（以下简称 2018 版计价依据），现予以发布，并将有关事项通知如下：

一、2018 版计价依据包括：《安徽省建设工程工程量清单计价办法》《安徽省建设工程费用定额》《安徽省建设工程施工机械台班费用编制规则》《安徽省建设工程计价定额（共用册）》《安徽省建筑工程计价定额》《安徽省装饰装修工程计价定额》《安徽省安装工程计价定额》《安徽省市政工程计价定额》《安徽省园林绿化工程计价定额》《安徽省仿古建筑工程计价定额》。

二、2018 版计价依据自 2018 年 1 月 1 日起施行。凡 2018 年 1 月 1 日前已签订施工合同的工程，其计价依据仍按原合同执行。

三、原省建设厅建定〔2005〕101 号、建定〔2005〕102 号、建定〔2008〕259 号文件发布的计价依据，自 2018 年 1 月 1 日起同时废止。

四、2018 版计价依据由安徽省建设工程造价管理总站负责管理与解释。在执行过程中，如有问题和意见，请及时向安徽省建设工程造价管理总站反馈。

安徽省住房和城乡建设厅

2017 年 9 月 26 日

编 制 委 员 会

主　　任　宋直刚
成　　员　王晓魁　王胜波　王成球　杨　博
　　　　　江　冰　李　萍　史劲松

主　　审　王成球
主　　编　李　萍
副 主 编　孙荣芳　姜　峰
参　　编（排名不分先后）
　　　　　王　瑞　仇圣光　陈昭言　卢　冲
　　　　　盛仲方　程向荣　强　祥
参　　审　何朝霞　张正金　潘兴琳　赵维树
　　　　　朱建华

目　　录

第一章　总说明

一、为合理确定建设工程造价，统一建设工程造价的编制和计算方法，根据住房城乡建设部、财政部关于印发《建筑安装工程费用项目组成》的通知（建标〔2013〕44 号）精神和国家有关法律法规，结合本省实际情况，编制本费用定额。

二、本费用定额适用于本省行政区域内新建、扩建、改建等建设工程造价的编制与审核。

三、本费用定额所称的建设工程，包括建筑工程、装饰装修工程、安装工程、市政工程、园林绿化工程、仿古建筑工程等。

四、本费用定额编制遵循"科学合理、简明实用"的原则，取费标准根据建设工程各专业正常施工条件下的社会平均水平综合测定。

五、本费用定额是我省建设工程计价依据的组成部分，与省建设工程计价定额配套使用，是编制与审核最高投标限价的依据。工程造价鉴定、工程成本价界定可依据本费用定额，企业投标报价可参考本费用定额。

六、本费用定额的组成内容主要包括建设工程造价费用构成、建设工程造价计算程序、计费规定和各专业工程费用项目划分及取费标准等。

七、本费用定额由安徽省建设工程造价管理总站负责解释与管理。

第二章　建设工程造价费用构成

建设工程造价由分部分项工程费、措施项目费、不可竞争费、其他项目费和税金构成（见表 2-1）。

一、分部分项工程费

分部分项工程费是指各专业工程的分部分项工程应予列出的各项费用，由人工费、材料费、机械费和综合费构成。

1. 人工费：是指支付给从事建设工程施工的生产工人和附属生产单位工人的各项费用。包括：工资、奖金、津贴补贴、职工福利费、劳动保护费、社会保险费、住房公积金、工会经费和职工教育经费。

（1）工资：指按计时工资标准和工作时间支付给个人的劳动报酬，或对已做工作按计件单价支付的劳动报酬。

（2）奖金：是指对超额劳动和增收节支支付给个人的劳动报酬。

（3）津贴补贴：是指为了补偿职工特殊或额外的劳动消耗和因其他特殊原因支付给个人的津贴，以及为了保证职工工资水平不受物价影响支付给个人的物价补贴。

（4）职工福利费：是指企业按工资一定比例提取出来的专门用于职工医疗、补助以及其他福利事业的经费。包括发放给职工或为职工支付的各项现金补贴和非货币性集体福利。

（5）劳动保护费：是企业按规定发放的劳动保护用品的支出。如工作服、手套、防暑降温饮料以及在有碍身体健康的环境中施工的保健费用等。

（6）社会保险费：在社会保险基金的筹集过程当中，职工和企业（用人单位）按照规定的数额和期限向社会保险管理机构缴纳费用，它是社会保险基金的最主要来源。包括养老保险费、医疗保险费、失业保险费、工伤保险费、生育保险费。

① 养老保险费：是指企业按照规定标准为职工缴纳的基本养老保险费。

② 医疗保险费：是指企业按照规定标准为职工缴纳的基本医疗保险费。

③ 失业保险费：是指企业按照规定标准为职工缴纳的失业保险费。

④ 工伤保险费：是指企业按照规定标准为职工缴纳的工伤保险费。

⑤ 生育保险费：是指企业按照规定标准为职工缴纳的生育保险费。

（7）住房公积金：是指企业按规定标准为职工缴纳的住房公积金。

（8）工会经费：是指企业按《工会法》规定的全部职工工资总额比例计提的工会经费。

（9）职工教育经费：是指按职工工资总额的规定比例计提，企业为职工进行专业技术和职业技能培训，专业技术人员继续教育、职工职业技能鉴定、职业资格认定、农民工现场安全和素质教育，以及根据需要对职工进行各类文化教育所发生的费用。

2．材料费：是指施工过程中耗费的原材料、辅助材料、构配件、零件、半成品或成品、工程设备的费用。内容包括：

（1）材料原价：是指材料、工程设备的出厂价格或商家供应价格。

（2）运杂费：是指材料、工程设备自来源地运至工地仓库或指定堆放地点所发生的全部费用。

（3）运输损耗费：是指材料在运输装卸过程中不可避免的损耗。

（4）采购及保管费：是指为组织采购、供应和保管材料、工程设备的过程中所需要的各项费用。包括采购费、仓储费、工地保管费、仓储损耗。

3．机械费：是指施工作业所发生的施工机械、仪器仪表使用费或其租赁费。

（1）机械费：以施工机械台班消耗量乘以施工机械台班单价表示，施工机械台班单价应由下列七项费用组成：

① 折旧费：是指施工机械在规定的耐用总台班内，陆续收回其原值的费用。

② 检修费：是指施工机械在规定的耐用总台班内，按规定的检修间隔进行必要的检修，以恢复其正常功能所需的费用。

③ 维护费：是指施工机械在规定的耐用总台班内，按规定的维护间隔进行各级维护和临时故障排除所需的费用。保障机械正常运转所需替换设备与随机配备工具附具的摊销费用、机械运转及日常维护所需润滑与擦拭的材料费用及机械停滞期间的维护费用等。

④ 安拆费及场外运费：安拆费是指施工机械在现场进行安装与拆卸所需的人工、材料、机械和试转费用以及机械辅助设施的折旧、搭设、拆除等费用；场外运费是指施工机械整体或分体自停放地点运至施工现场或由一施工地点运至另一施工地点的运输、装卸、辅助材料等费用。

⑤ 人工费：是指施工机械机上司机（司炉）和其他操作人员的人工费。

⑥ 燃料动力费：是指施工机械在运转作业中所消耗的各种燃料及水、电等费用。

⑦ 其他费用：是指施工机械按照国家规定应缴纳的车船税、保险费及检测费等。

（2）仪器仪表使用费：是指工程施工所需使用的仪器仪表的摊销及维修费用。

4. 综合费

综合费是由企业管理费、利润构成。

（1）企业管理费：是指建设工程施工企业组织施工生产和经营管理所需的费用，内容包括：

① 管理人员工资：是指按规定支付给管理人员的工资、奖金、津贴补贴、职工福利费、劳动保护费、社会保险费、住房公积金、工会经费和职工教育经费。

② 办公费：是指企业管理办公用的文具、纸张、账表、印刷、邮电、书报、办公软件、现场监控、会议、水电、烧水和集体取暖降温（包括现场临时宿舍取暖降温）等费用。

③ 差旅交通费：是指职工因公出差、调动工作的差旅费、住勤补助费，市内交通费和误餐补助费，职工探亲路费，劳动力招募费，职工退休、退职一次性路费，工伤人员就医路费，工地转移费以及管理部门使用的交通工具的油料、燃料等费用。

④ 固定资产使用费：是指管理和试验部门及附属生产单位使用的属于固定资产的房屋、设备、仪器等的折旧、大修、维修或租赁费。

⑤ 工具用具使用费：是指企业施工生产和管理使用的不属于固定资产的工具、器具、家具、交通工具和检验、试验、测绘、消防用具等的购置、维修和摊销费。

⑥ 福利费：是指企业按工资一定比例提取出来的专门用于职工医疗、补助以及其他福利事业的经费。包括发放给管理人员或为管理人员支付的各项现金补贴和非货币性集体福利。

⑦ 检验试验费：是指施工企业按照有关标准规定，对建筑以及材料、构件和建筑安装物进行一般鉴定、检查所发生的费用，包括自设试验室进行试验所耗用的材料等费用。不包括新结构、新材料的试验费，对构件做破坏性试验及其他

特殊要求检验试验的费用和建设单位委托检测机构进行检测的费用，对此类检测发生的费用，由建设单位在工程建设其他费用中列支。但对施工企业提供的具有合格证明的材料进行检测不合格的，该检测费用由施工企业支付。

⑧ 财产保险费：是指施工管理用财产、车辆等的保险费用。

⑨ 财务费：是指企业为施工生产筹集资金或提供预付款担保、履约担保、职工工资支付担保等所发生的各种费用。

⑩ 税金：是指企业按规定缴纳的房产税、车船使用税、土地使用税、印花税、城市维护建设税、教育费附加、地方教育附加以及水利建设基金等。

⑪ 其他：包括技术转让费、技术开发费、投标费、业务招待费、绿化费、广告费、公证费、法律顾问费、审计费、咨询费、其他保险费等。

（2）利润：是指施工企业完成所承包工程获得的盈利。

二、措施项目费

措施项目费是指为完成建设工程施工，发生于该工程施工前和施工过程中的技术、生活、安全等方面的费用。主要由下列费用构成：

1. 夜间施工增加费：是指正常作业因夜间施工所发生的夜班补助费、夜间施工降效、夜间施工照明设施、交通标志、安全标牌、警示灯等移动和安拆费用。

2. 二次搬运费：是指因施工场地条件限制而发生的材料、成品、半成品等一次运输不能到达堆放地点，必须进行二次或多次搬运所发生的费用。

3. 冬雨季施工增加费：是指在冬季或雨季施工需增加的临时设施搭拆、施工现场的防滑处理、雨雪清除，对砌体、混凝土等保温养护，人工及施工机械效率降低等费用。不包括设计要求混凝土内添加防冻剂的费用。

4. 已完工程及设备保护费：是指竣工验收前，对已完工程及设备采取的覆盖、包裹、封闭、隔离等必要保护措施所发生的费用。

5. 工程定位复测费：是指工程施工过程中进行全部施工测量放线和复测工作的费用。

6. 临时保护设施费：是指在工程施工过程中，对已建成的地上、地下设施和建筑物进行的遮盖、封闭、隔离等必要保护措施所发生的费用。

7. 赶工措施费：建设单位要求施工工期少于我省现行定额工期20％时，施工企业为满足工期要求，采取相应措施而发生的费用。

8. 其他措施项目费：是指根据各专业特点、地区和工程特点所需要的措施费用。

三、不可竞争费

不可竞争费是指不能采用竞争的方式支出的费用，由安全文明施工费和工程排污费构成，安全文明施工费中包含扬尘污染防治费。编制与审核建设工程造价时，其费率应按定额规定费率计取，不得调整。

（一）安全文明施工费：由环境保护费、文明施工费、安全施工费和临时设施费构成。

1. 环境保护费：是指施工现场为达到环保部门要求所需要的各项费用。

2. 文明施工费：是指施工现场文明施工所需要的各项费用。

3. 安全施工费：是指施工现场安全施工所需要的各项费用。

4. 临时设施费：是指施工企业为进行建设工程施工所必须搭设的生活和生产用的临时建筑物、构筑物和其他临时设施费用。包括临时设施的搭设、维修、拆除、清理费或摊销费等。

（二）工程排污费：是指按规定缴纳的施工现场工程排污费。

其他应列入而未列的不可竞争费，按实际发生计取。

四、其他项目费

1. 暂列金额：是指建设单位在工程量清单或施工承包合同中暂定并包括在工程合同价款中的一笔款项。用于施工合同签订时尚未确定或者不可预见的所需材料、工程设备、服务的采购，施工中可能发生的工程变更、合同约定调整因素出现时的工程价款调整以及发生的索赔、现场签证确认等的费用。

2. 专业工程暂估价：是指建设单位在工程量清单中提供的用于支付必然发生但暂时不能确定价格的专业工程的金额。

3. 计日工：是指在施工过程中，施工企业完成建设单位提出的施工图以外的零星项目或工作所需的费用。

4. 总承包服务费：是指总承包人为配合、协调建设单位进行的专业工程发包，对建设单位自行采购的材料、工程设备等进行保管以及施工现场管理、竣工资料汇总整理等服务所需的费用。

五、税金

税金是指国家税法规定的应计入建设工程造价内的增值税。

表 2-1　建设工程造价费用构成

建设工程造价	分部分项工程费	人工费		
		材料费		
		机械费		
		综合费	企业管理费	管理人员工资
				办公费
				差旅交通费
				固定资产使用费
				工具用具使用费
				劳动保险费和职工福利
				检验试验费
				财产保险费
				财务费
				税金
				其他
			利润	
	措施项目费	夜间施工增加费		
		二次搬运费		
		冬雨季施工增加费		
		已完工程及设备保护费		
		工程定位复测费		
		临时保护设施费		
		赶工措施费		
		其他措施项目费		
	不可竞争费	安全文明施工费	环境保护费	
			文明施工费	
			安全施工费	
			临时设施费	
		工程排污费		
	其他项目费	暂列金额		
		专业工程暂估价		
		计日工		
		总承包服务费		
	税金			

第三章　建设工程造价计算程序及规定

第一节　建设工程造价计算程序

一、建设工程造价计算程序

（一）工程量清单计价造价计算程序

表 3-1　工程量清单计价造价计算程序

序号	费用项目		计算方法
一	分部分项工程项目费		Σ【分部分项工程量×（人工费＋材料费＋机械费＋综合费）】
1.1	其中	定额人工费	Σ（分部分项工程量×定额人工消耗量×定额人工单价）
1.2		定额机械费	Σ（分部分项工程量×定额机械消耗量×定额机械单价）
1.3		综合费	(1.1＋1.2)×综合费费率
二	措施项目费		(1.1＋1.2)×措施项目费费率
三	不可竞争费		3.1＋3.2
3.1	安全文明施工费		(1.1＋1.2)×安全文明施工费定额费率
3.2	工程排污费		按工程实际情况计列
四	其他项目费		4.1＋4.2＋4.3＋4.4
4.1	暂列金额		按工程量清单中列出的金额填写
4.2	专业工程暂估价		按工程量清单中列出的金额填写
4.3	计日工		计日工单价×计日工数量
4.4	总承包服务费		按工程实际情况计列
五	税金		[一＋二＋三＋四]×税率
六	工程造价		一＋二＋三＋四＋五

（二）定额计价造价计算程序

表 3-2　定额计价造价计算程序

序号	费用项目		计算方法
一	分部分项工程项目费		Σ【分部分项工程量×（定额人工费＋定额材料费＋定额机械费＋综合费）】
1.1	其中	定额人工费	Σ（分部分项工程量×定额人工消耗量×定额人工单价）
1.2		定额机械费	Σ（分部分项工程量×定额机械消耗量×定额机械单价）
1.3		综合费	(1.1＋1.2)×综合费费率
二	措施项目费		Σ(1.1＋1.2)×措施项目费费率
三	不可竞争费		3.1＋3.2
3.1	安全文明施工费		(1.1＋1.2)×安全文明施工费定额费率
3.2	工程排污费		按工程实际情况计列
四	其他项目费		按工程实际情况计列
五	差价		5.1＋5.2＋5.3
5.1	人工费价差		Σ（定额人工用量×人工单价价差）
5.2	材料费价差		Σ（定额材料用量×材料单价价差）
5.3	机械费价差		Σ（定额机械台班用量×机械台班单价价差）
六	税金		[一＋二＋三＋四＋五]×税率
七	工程造价		一＋二＋三＋四＋五＋六

第二节　建设工程造价计算规定

1. 企业管理费、利润、措施项目费、不可竞争费，均以"定额人工费＋定额机械费"为基础计算。"定额人工费"是指分部分项工程项目费中的定额人工费之和，不包括机上人工、计日工。定额机械费不包括大型机械进出场及安拆费。

2. 暂估价中的材料、设备单价应列入相应综合单价中计算。

3. 本费用定额中仅列出了各专业可能发生的措施项目，工程造价计算时，应根据工程实际情况计列措施项目费。

非夜间施工照明费是指，为保证工程施工正常进行，在地下（暗）室、地宫、设备及大口径管道内、假山石洞等特殊施工部位施工时，所采用的照明设备的安拆、维护、通风照明用电、人工和机械降效等费用。

行车、行人干扰增加费是指，由于施工受行车、行人干扰的影响，现场增加维护交通、疏导人员以及人工、机械施工降效的费用。

反季节栽植措施费是指，园林绿化工程因反季节栽植，为保证成活率所采取的措施费。

4. 计日工以完成零星工作所消耗的人工工日、材料数量、机械台班进行计量。工程量清单中计日工应列出项目名称、计量单位和暂估数量。

5. 在编制最高投标限价和标底时，总承包服务费应根据建设方列出的内容和要求参照下列标准进行估算：

（1）当建设方仅要求总包人对其发包的专业工程进行施工现场协调和统一管理、对竣工资料进行统一汇总整理等服务时，按发包专业工程估算造价的1%计算；

（2）当建设方要求总包人对其发包的专业工程既进行施工现场协调和统一管理，又要求提供相应配合服务时，按发包专业的工程估算造价的3%计算；

（3）建设方自行供应材料、设备的，按供应材料、设备估值的1%计算。

6. 安全文明施工费和工程排污费属于不可竞争费，计算安全文明施工费时，应按本费用定额规定的费率计算，费率一律不得调整，工程排污费按工程所在地环保部门规定计算，由建设单位支付。

7. 工程保险费、风险费应按规定在合同中约定。

8. 施工现场用水、电费，原则上承包方进入施工现场后单独装表，分户结算，如未单独装表，其水、电费用应返还给建设方，具体返还比例双方根据实际情况确定。

9. 适用一般计税方法计税的建设工程，税前工程造价各项费用均以不包含增值税可抵扣进项税额的价格计算。

10. 适用简易计税方法计税的建设工程，税前工程造价各项费用均应包含增值税进项税额。

11. 本费用定额所列建设工程各项取费标准，均按适用一般计税方法计税的建设工程编列，适用简易计税方法计税的建设工程各项取费，可按相应取费标准乘以0.948系数。

第四章 建设工程费用取费标准

第一节 建筑工程取费标准

一、建筑工程措施项目费费率

项目编码	项目名称	计费基础	费率（%）
JC-01	夜间施工增加费		0.5
JC-02	二次搬运费		1.0
JC-03	冬雨季施工增加费		0.8
JC-04	已完工程及设备保护费		0.1
JC-05	工程定位复测费	定额人工费＋定额机械费	1.0
JC-06	非夜间施工照明费		0.4
JC-07	临时保护设施费		0.2
JC-08	赶工措施费		2.2

注：专业工程措施费费率乘以系数 0.6。

二、建筑工程企业管理费、利润费率

项目编码	项目名称	计费基础	企业管理费率（%）	利润率（%）
JZ-01	民用建筑		15	11
JZ-02	工业建筑		13	10
JZ-03	构筑物	定额人工费＋定额机械费	15	9
JZ-04	专业工程		10	7
JZ-05	大型土石方工程		8	8

说明：

民用建筑：包括居住建筑、办公建筑、旅馆酒店建筑、商业建筑、居民服务建筑、文化建筑、教育建筑、体育建筑、卫生建筑、科研建筑、交通建筑、广播电影电视建筑等。

工业建筑：是指直接用于生产或为生产配套的各种房屋，包括厂房、车间、

仓库、辅助附属设施等。

大型土石方工程：是指一个单位工程中，挖或填方量超过 5000m³ 的土石方工程。

三、建筑工程不可竞争费费率

项目编码	项目名名称	计费基础	费率（%）
（一）	安全文明施工费		
JF-01	环境保护费		1.0
JF-02	文明施工费	定额人工费＋定额机械费	4.0
JF-03	安全施工费		3.3
JF-04	临时设施费		6.1
（二）	工程排污费		
JF-05	工程排污费		

第二节　装饰装修工程取费标准

一、装饰装修工程措施项目费费率

项目编码	项目名称	计费基础	费率（%）
ZC-01	夜间施工增加费		0.5
ZC-02	二次搬运费		1.2
ZC-03	冬雨季施工增加费		0.7
ZC-04	已完工程及设备保护费	定额人工费＋定额机械费	0.5
ZC-05	工程定位复测费		0.8
ZC-06	非夜间施工照明费		0.4
ZC-07	临时保护设施费		0.1
ZC-08	赶工措施费		2.1

二、装饰装修工程企业管理费、利润费率

项目编码	项目名称	计费基础	企业管理费率（%）	利润率（%）
ZZ-01	装饰装修工程	定额人工费＋定额机械费	17	12
ZZ-02	幕墙工程		15	11

12

三、装饰装修工程不可竞争费费率

项目编码	项目名名称	计费基础	费率（%）
（一）	安全文明施工费		
ZF-01	环境保护费		1.0
ZF-02	文明施工费	定额人工费＋定额机械费	3.6
ZF-03	安全施工费		3.1
ZF-04	临时设施费		5.8
（二）	工程排污费		
ZF-05	工程排污费		

注：由建设单位单独发包的装饰装修工程、幕墙工程，可参考本节所列费率标准。

第三节　安装工程取费标准

一、安装工程措施项目费费率

项目编码	项目名称	计费基础	费率（%）
AC-01	夜间施工增加费		0.5
AC-02	二次搬运费		1.0
AC-03	冬雨季施工增加费		0.7
AC-04	已完工程及设备保护费		0.3
AC-05	工程定位复测费	定额人工费＋定额机械费	0.6
AC-06	非夜间施工照明费		0.6
AC-07	临时保护设施费		0.1
AC-08	赶工措施费		2.5

二、安装工程企业管理费、利润费率

项目编码	项目名称	计费基础	企业管理费率（%）	利润率（%）
AZ-01	机械设备、热力设备、静置设备、工艺金属结构安装工程		15	8
AZ-02	工业管道、通风空调、给排水、采暖、燃气、消防工程	定额人工费＋定额机械费	17	9
AZ-03	电气设备、自动化控制仪表、建筑智能化工程		18	11

三、安装工程不可竞争费费率

项目编码	项目名名称	计费基础	费率（%）
（一）	安全文明施工费		
AF-01	环境保护费		0.9
AF-02	文明施工费	定额人工费＋定额机械费	2.8
AF-03	安全施工费		2.4
AF-04	临时设施费		4.6
（二）	工程排污费		
AF-05	工程排污费		

第四节　市政工程取费标准

一、市政工程措施项目费费率

项目编码	项目名称	计费基础	费率（%）
SC-01	夜间施工增加费		0.5
SC-02	二次搬运费		1.2
SC-03	冬雨季施工增加费		0.8
SC-04	已完工程及设备保护费		0.1
SC-05	工程定位复测费	定额人工费＋定额机械费	0.9
SC-06	临时保护设施费		0.1
SC-07	行车、行人干扰增加费		0.2
SC-08	赶工措施费		1.8

二、市政工程企业管理费、利润费率

项目编码	项目名称	计费基础	企业管理费率（%）	利润率（%）
SZ-01	道路、排水、桥涵工程		11	12
SZ-02	护坡、护岸工程		14	9
SZ-03	隧道工程	定额人工费＋定额机械费	10	9
SZ-04	给水、燃气工程		12	10
SZ-05	水处理、垃圾处理工程		10	9
SZ-06	大型土石方工程		8	8

　　大型土石方工程：是指一个单位工程中，挖或填方量超过 5000m³ 的土石方工程。

三、市政工程不可竞争费费率

项目编码	项目名名称	计费基础	费率（%）
（一）	安全文明施工费		
SF-01	环境保护费		0.7
SF-02	文明施工费	定额人工费＋定额机械费	3.0
SF-03	安全施工费		2.1
SF-04	临时设施费		3.5
（二）	工程排污费		
SF-05	工程排污费		

第五节　园林绿化工程取费标准

一、园林绿化工程措施项目费费率

项目编码	项目名称	计费基础	费率（%）
YC-01	夜间施工增加费		0.5
YC-02	二次搬运费		0.8
YC-03	冬雨季施工增加费		1.0
YC-04	已完工程及设备保护费	定额人工费＋定额机械费	0.2
YC-05	工程定位复测费		0.6
YC-06	临时保护设施费		0.2
YC-07	反季节栽植措施费		0.3
YC-08	赶工措施费		2.0

二、园林绿化工程企业管理费、利润费率

项目编码	项目名称	计费基础	企业管理费率（%）	利润率（%）
YZ-01	绿化、景观工程	定额人工费＋定额机械费	16	13

三、园林绿化工程不可竞争费费率

项目编码	项目名称	计费基础	费率（%）
（一）	安全文明施工费		
YF-01	环境保护费		0.5
YF-02	文明施工费	定额人工费＋定额机械费	2.0
YF-03	安全施工费		1.8
YF-04	临时设施费		3.2

15

项目编码	项目名称	计费基础	费率（%）
（二）	工程排污费		
YF-05	工程排污费		

第六节　仿古建筑工程取费费率

一、仿古建筑工程措施项目费费率

项目编码	项目名称	计费基础	费率（%）
FC-01	夜间施工增加费		0.5
FC-02	二次搬运费		1.0
FC-03	冬雨季施工增加费		0.8
FC-04	已完工程及设备保护费		0.2
FC-05	工程定位复测费	定额人工费＋定额机械费	0.9
FC-06	非夜间施工照明费		0.3
FC-07	临时保护设施费		0.2
FC-08	赶工措施费		2.0

二、仿古建筑工程企业管理费、利润费率

项目编码	项目名称	计费基础	企业管理费率（%）	利润率（%）
FZ-01	仿古建筑工程	定额人工费＋定额机械费	12	9

三、仿古建筑工程不可竞争费费率

项目编码	项目名称	计费基础	费率（%）
（一）	安全文明施工费		
FF-01	环境保护费		0.8
FF-02	文明施工费		1.8
FF-03	安全施工费	定额人工费＋定额机械费	1.6
FF-04	临时设施费		2.8
（二）	工程排污费		
FF-05	工程排污费		

第七节　税金税率

项目编码	项目名名称	计费基础	税率（%）
S-Y	一般计税方法	税前工程造价	11%
S-J	简易计税方法		3%

财政部　国家税务总局

关于全面推开营业税改征增值税试点的通知

财税〔2016〕36 号

各省、自治区、直辖市、计划单列市财政厅（局）、国家税务局、地方税务局、新疆生产建设兵团财务局：

经国务院批准，自 2016 年 5 月 1 日起，在全国范围内全面推开营业税改征增值税（以下称"营改增"）试点，建筑业、房地产业、金融业、生活服务业等全部营业税纳税人，纳入试点范围，由缴纳营业税改为缴纳增值税。现将《营业税改征增值税试点实施办法》、《营业税改征增值税试点有关事项的规定》、《营业税改征增值税试点过渡政策的规定》和《跨境应税行为适用增值税零税率和免税政策的规定》印发你们，请遵照执行。

本通知附件规定的内容，除另有规定执行时间外，自 2016 年 5 月 1 日起执行。《财政部 国家税务总局关于将铁路运输和邮政业纳入营业税改征增值税试点的通知》（财税〔2013〕106 号）、《财政部 国家税务总局关于铁路运输和邮政业营业税改征增值税试点有关政策的补充通知》（财税〔2013〕121 号）、《财政部 国家税务总局关于将电信业纳入营业税改征增值税试点的通知》（财税〔2014〕43 号）、《财政部 国家税务总局关于国际水路运输增值税零税率政策的补充通知》（财税〔2014〕50 号）和《财政部 国家税务总局关于影视等出口服务适用增值税零税率政策的通知》（财税〔2015〕118 号），除另有规定的条款外，相应废止。

各地要高度重视"营改增"试点工作，切实加强试点工作的组织领导，周密安排，明确责任，采取各种有效措施，做好试点前的各项准备以及试点过程中的监测分析和宣传解释等工作，确保改革的平稳、有序、顺利进行。遇到问题请及时向财政部和国家税务总局反映。

财政部　国家税务总局

2016 年 3 月 23 日

18

财政部　税务总局

关于建筑服务等"营改增"试点政策的通知

财税〔2017〕58 号

各省、自治区、直辖市、计划单列市财政厅（局）、国家税务局、地方税务局，
新疆生产建设兵团财务局：

现将"营改增"试点期间建筑服务等政策补充通知如下：

一、建筑工程总承包单位为房屋建筑的地基与基础、主体结构提供工程服务，建设单位自行采购全部或部分钢材、混凝土、砌体材料、预制构件的，适用简易计税方法计税。

地基与基础、主体结构的范围，按照《建筑工程施工质量验收统一标准》（GB 50300—2013）附录 B《建筑工程的分部工程、分项工程划分》中的"地基与基础""主体结构"分部工程的范围执行。

二、《营业税改征增值税试点实施办法》（财税〔2016〕36 号印发）第四十五条第（二）项修改为"纳税人提供租赁服务采取预收款方式的，其纳税义务发生时间为收到预收款的当天"。

三、纳税人提供建筑服务取得预收款，应在收到预收款时，以取得的预收款扣除支付的分包款后的余额，按照本条第三款规定的预征率预缴增值税。

按照现行规定应在建筑服务发生地预缴增值税的项目，纳税人收到预收款时在建筑服务发生地预缴增值税。按照现行规定无需在建筑服务发生地预缴增值税的项目，纳税人收到预收款时在机构所在地预缴增值税。

适用一般计税方法计税的项目预征率为 2%，适用简易计税方法计税的项目预征率为 3%。

四、纳税人采取转包、出租、互换、转让、入股等方式将承包地流转给农业生产者用于农业生产，免征增值税。

五、自 2018 年 1 月 1 日起，金融机构开展贴现、转贴现业务，以其实际持有票据期间取得的利息收入作为贷款服务销售额计算缴纳增值税。此前贴现机构已就贴现利息收入全额缴纳增值税的票据，转贴现机构转贴现利息收入继续免征增值税。

六、本通知除第五条外，自 2017 年 7 月 1 日起执行。《营业税改征增值税试点实施办法》（财税〔2016〕36 号印发）第七条自 2017 年 7 月 1 日起废止。《营业税改征增值税试点过渡政策的规定》（财税〔2016〕36 号印发）第一条第（二十三）项第 4 点自 2018 年 1 月 1 日起废止。

财政部　税务总局
2017 年 7 月 11 日

安徽省人民代表大会公告

（第二号）

《安徽省大气污染防治条例》已经 2015 年 1 月 31 日安徽省第十二届人民代表大会第四次会议通过，现予公布，自 2015 年 3 月 1 日起施行。

安徽省第十二届人民代表大会第四次会议主席团

2015 年 1 月 31 日

安徽省大气污染防治条例

（2015 年 1 月 31 日安徽省第十二届人民代表大会第四次会议通过）

目　　录

第一章　总　　则

第一条　为防治大气污染，保护和改善大气环境和生活环境，推进生态文明建设，促进经济社会发展与环境保护相协调，根据《中华人民共和国环境保护法》《中华人民共和国大气污染防治法》和有关法律、行政法规，结合本省实际，制定本条例。

第二条　本条例适用于本省行政区域内大气污染防治活动；有关法律、行政法规另有规定的，适用其规定。

第三条　大气污染防治，应当建立政府负责、单位施治、公众参与、区域联动、社会监督的工作机制。

第四条　大气污染防治应当坚持规划先行，运用法律、经济、科技、行政等措施，发挥市场机制作用，转变经济发展方式，优化产业结构和布局，调整能源结构，改善空气质量。

大气污染防治，应当以降低大气中的颗粒物、二氧化硫、氮氧化物、挥发性有机物等重点大气污染物浓度为重点，从源头到末端全过程控制和减少污染物排放。

第五条　县级以上人民政府应当对本行政区域内的大气环境质量负责，制定大气污染防治规划，将大气污染防治纳入国民经济和社会发展规划，加强环境执法队伍建设，提高环境监督管理能力，保障大气污染防治工作的财政投入。

乡镇人民政府、街道办事处应当做好本辖区内的大气污染防治相关工作。

第六条　县级以上人民政府环境保护行政主管部门对大气污染防治实施统一监督管理。

县级以上人民政府其他有关部门在各自职责范围内对大气污染防治实施监督管理。

第七条　企业事业单位和其他生产经营者应当采取措施，防治生产、建设或者其他活动对大气环境造成的污染，并对造成的损害依法承担责任。

向大气排放污染物的企业事业单位和其他生产经营者，应当建立大气环境保护责任制度，明确单位负责人和相关人员的责任。

第八条　各级人民政府及其部门和社会团体、学校、新闻媒体、基层群众性自治组织、企业，应当开展大气污染防治法律法规宣传教育，普及大气污染防治科学知识，倡导文明、节约、低碳、绿色消费方式和生活习惯。

第九条　任何单位和个人都有保护大气环境的义务，有权对污染大气环境的行为和不依法履行环境监管职责的行为进行举报。

县级以上人民政府环境保护行政主管部门和其他有关部门应当建立举报、奖励制度，并向社会公布；接到举报后，应当及时处理，将处理结果向举报人反馈；对举报人的相关信息予以保密，保护其合法权益；举报内容经查证属实的，给予举报人奖励。

县级以上人民政府环境保护行政主管部门和其他有关部门应当鼓励和支持社会团体和公众参与、监督大气污染防治工作。

第二章　监督管理的一般规定

第十条　省人民政府根据本省大气环境质量状况和经济技术条件，可以制定严于国家标准的本省大气环境质量标准、大气污染物排放标准、燃煤燃油有害物质控制标准。

根据环境质量改善的需要，可以执行大气污染物特别排放限值。

向大气排放污染物的单位，其污染物排放浓度不得超出国家和本省规定的排放标准。

第十一条　省人民政府发展和改革部门应当会同经济和信息化、环境保护等部门及时修订高耗能、高污染和资源性行业准入目录，报省人民政府批准后，向社会公布。

实行大气污染物排放量等量削减替代制度。通过减量置换获得大气污染物排放总量指标的建设项目，在置换的排放量未削减完成前，不得投入试生产。

第十二条　省人民政府发展和改革部门应当会同经济和信息化、环境保护等部门，依据主体功能区规划，合理确定本省重点产业发展布局、结构和规模，经省人民政府批准后实施。

第十三条　省人民政府应当按照国家确定的重点大气污染物排放总量控制指标，结合经济社会发展水平、环境质量状况、产业结构，将重点大气污染物排放总量控制指标分解到设区的市、县级人民政府。设区的市、县级人民政府按照公开、公平、公正的原则，将重点大气污染物排放总量控制指标分解落实到企业事业单位。企业事业单位不得超过总量控制指标排放。

新建、改建、扩建排放重点大气污染物的项目不符合总量控制要求的，不得通过环境影响评价。

第十四条　在严格控制重点大气污染物排放总量、实行排放总量削减计划的前提下，按照有利于总量减少的原则，可以进行重点大气污染物排污权的有偿使用和交易。

第十五条　配套建设的大气污染防治设施，应当与主体工程同时设计、同时施工、同时投产使用，不得擅自拆除或者闲置。

大气污染防治设施应当经审批该建设项目环境影响评价文件的环境保护行政主管部门验收合格后，主体工程方可投入生产或者使用。

第十六条　向大气排放污染物的企业事业单位和其他生产经营者，应当按照国家规定，取得排污许可证。禁止无排污许可证或者违反排污许可证的规定排放大气污染物。

第十七条　向大气排放污染物的企业事业单位和其他生产经营者，应当按照国家和本省规定，设置大气污染物排放口及标志。未按照规定设置大气污染物排放口的，不得发放排污许可证。

除因发生或者可能发生安全生产事故或突发环境事件需要通过应急排放通道排放大气污染物外，禁止通过前款规定以外的其他排放通道排放大气污染物。

第十八条　有大气污染物排放总量控制任务的企业事业单位，应当监测大气污染物排放情况，记录监测数据，并向社会公开。监测数据的保存时间不少于五年。

向大气排放污染物的企业事业单位，应当按照规定设置固定的监测点位或者采样平台并保持正常使用，接受环境保护行政主管部门或者其他监督管理部门的监督性监测。

第十九条　使用每小时 20 蒸吨以上燃煤锅炉或者大气污染物排放量与其相当的窑炉的单位，以及县级以上人民政府环境保护行政主管部门确定的排放大气污染物重点监管的单位，应当配备经计量检定合格的自动监控设备，保持稳定运行，保证监测数据准确。自动监控设备应当在线联网，纳入环境保护行政主管部门的统一监控系统。

第二十条　省人民政府环境保护行政主管部门和市、县人民政府应当按照国家和省规定，建立自动监测网络，组织开展大气环境质量监测，按日公开可吸入颗粒物、细颗粒物等大气环境质量信息。

省人民政府环境保护行政主管部门应当每月公布设区的市大气环境质量。

省、设区的市人民政府环境保护行政主管部门应当会同气象部门建立会商机制，开展大气环境质量预报。气象部门应当配合做好大气环境质量预报工作。

第二十一条　省、市、县人民政府应当制定重污染天气应急预案并向社会公布。

省、设区的市人民政府依据重污染天气预报信息，确定重污染天气预警等级并适时发出预警。任何单位和个人不得擅自发布重污染天气预报预警信息。

可能发生重污染天气时，县级以上人民政府应当及时启动应急方案，向社会发布重污染天气的预警信息，并按照预警级别采取责令有关企业停产或者限产、限制部分机动车行驶、停止工地土石方作业和建筑拆除施工、暂停幼儿园和中小学校上课等应对措施。

第二十二条　可能发生大气污染事故的企业事业单位应当按照国家和省规定制定大气污染突发事件应急预案，报环境保护行政主管部门和有关部门备案。

在发生或者可能发生突发大气污染事件时，企业事业单位应当立即采取应对措施，及时通报可能受到大气污染危害的单位和居民，并报告当地环境保护行政主管部门，接受调查处理。

第二十三条　省人民政府应当统筹整合重点大气污染物减排等有关资金，设立大气污染防治专项资金。

县级以上人民政府应当加大对大气污染防治重点项目的政策支持力度，对重点行业清洁生产示范工程给予引导性资金支持，将大气环境质量监测站点建设及其运行和监管经费纳入财政预算。

第二十四条　县级以上人民政府应当鼓励大气污染防治科学技术研究，推广应用大气污染治理先进技术，支持开发利用清洁能源，开展大气污染治理的国际交流与合作。

第二十五条　县级以上人民政府应当建立生态修复制度，采取植树种草、退耕还湖、退耕还林、建设和保护湿地等措施推进生态治理，改善大气环境质量。

第二十六条　县级以上人民政府及其环境保护等有关行政主管部门应当向社会公开大气环境质量、突发大气环境事件、环境影响评价报告、排污许可、排污口管理、排污费征收和使用、污染物排放总量控制、限期治理、环境违法案件及查处、区域限批、大气污染防治专项检查等情况。

第二十七条　企业事业单位有下列情形之一的，应当如实向社会公开其重点大气污染物的名称、排放方式、排放浓度和总量、超标排放情况，以及防治污染设施的建设和运行情况，接受社会监督：

（一）列入大气污染物排放重点监管单位名单的；

（二）重点大气污染物排放量超过总量控制指标的；

（三）大气污染物超标排放的；

（四）国家和省规定的其他情形。

环境保护行政主管部门应当定期公布重点监管单位的监督性监测信息。

第二十八条　县级以上人民政府环境保护行政主管部门和有关部门应当公布违反大气污染防治法律法规受到处罚的企业事业单位及其负责人名单，录入市场主体信用信息公示系统。

第二十九条　推行企业环境污染责任保险制度，鼓励企业投保环境污染责任保险，防控企业环境风险，保障公众环境权益。

第三十条　省人民政府应当建立大气环境保护目标责任制和考核评价制度。考核评价应当听取公众意见，考核结果向社会公开。

对省人民政府有关部门和市、县人民政府及其负责人的综合考核评价，应当包含大气环境保护目标完成和措施落实等情况。

对因工作不力、履职缺位等导致未能有效应对重污染天气，干预、篡改、伪造监测数据，超过国家重点大气污染物排放总量控制指标，或者未完成年度大气环境保护目标的，由省人民政府环境保护行政主管部门会同监察等有关部门约谈当地人民政府的主要负责人，并暂停审批该地区新增重点大气污染物排放总量的建设项目环境影响评价文件，取消有关环境保护荣誉称号。

第三章　区域和城市大气污染防治

第三十一条　省人民政府应当在合肥经济圈、皖江城市带、沿淮城市群等区域，建立大气污染和生态破坏联合防治协调机制，实行联防联控。

省人民政府根据实际需要，与长三角区域以及其他相邻省建立下列大气污染联合防治协调机制，开展区域合作：

（一）建立区域重污染天气应急联动机制，及时通报预警和应急响应的有关信息，商请相关省、市采取相应的应对措施；

（二）建立沟通协调机制，对在省、市边界建设可能对相邻省、市大气环境质量产生重大影响的项目，及时通报有关信息，实施环评会商；

（三）探索建立防治机动车排气污染、禁止秸秆露天焚烧等区域联动执法机制；

（四）建立大气环境质量信息共享机制，实现大气污染源、大气环境质量监测、气象、机动车排气污染检测、企业环境征信等信息的区域共享；

（五）开展大气污染防治科学技术交流与合作。

第三十二条　大气环境质量未达标的地区，市、县人民政府应当制定大气污染限期治理达标规划，按照国家和本省规定的期限和要求，达到大气环境质量标准。

第三十三条　城市人民政府应当将资源环境条件、城市人口规模、人均城市道路面积、大气通道、建筑物高度、公交分担率、绿地率等纳入城市总体规划，形成有利于大气污染物消散的城市空间格局。

第三十四条　在城市规划区内禁止新建、扩建大气污染严重的建设项目，已建的应当搬迁、改造。设区的市主城区应当在规定的时间内完成重污染企业搬迁、改造。

企业事业单位和其他生产经营者，在污染物排放符合法定要求的基础上，进一步减少污染物排放的，人民政府应当依法采取财政、税收、价格、政府采购等方面的措施予以鼓励和支持。

第三十五条　市、县人民政府应当根据大气环境质量改善要求，划定高污染燃料禁燃区。

在禁燃区内的企业事业单位和其他生产经营者，应当在规定的期限内停止使用高污染燃料，改用天然气、液化石油气、电能或者其他清洁能源。

禁止生产、销售、燃用不符合标准或者要求的煤炭。

第三十六条　鼓励城市规划区内发展集中供热，使用清洁燃料。

在燃气管网和集中供热管网覆盖的区域，不得新建、扩建、改建燃烧煤炭、重油、渣油的供热设施；原有分散的中小型燃煤供热锅炉应当限期拆除。

第三十七条　城市建成区应当在国家规定的期限内淘汰每小时 10 蒸吨以下燃煤锅炉，禁止新建每小时 20 蒸吨以下燃煤锅炉；城镇建成区不再新建每小时 10 蒸吨以下燃煤锅炉。

第三十八条　县级以上人民政府应当制定扶持政策，支持水能、风能、太阳能、生物质能和地热能等清洁能源的开发利用，扩大天然气利用规模。

省人民政府发展和改革部门应当制定清洁能源发展规划和燃煤总量控制计划，报省人民政府批准后实施。

第四章　工业大气污染防治

第三十九条　大力发展循环经济，鼓励产业集聚发展，按照循环经济和清洁生产的要求，通过合理规划工业布局，引导企业入驻工业园区。

第四十条　钢铁、石油化工、有色金属冶炼、陶瓷、浮法玻璃、再生铅等企业使用的燃煤（焦）窑炉，每小时 20 蒸吨以上的燃煤锅炉，应当配备脱硫装置。除循环流化床锅炉以外的燃煤机组均应当安装脱硝设施，新型干法水泥窑应当实施低氮燃烧技术改造并安装脱硝设施。

排放粉尘的工业企业应当配套建设除尘设施。燃煤锅炉和工业窑炉的除尘设施应当实施升级改造。

第四十一条　禁止高灰分、高硫分煤炭进入市场。新建煤矿应当同步建设煤炭洗选设施，已建成的煤矿所采煤炭属于高灰分、高硫分的，应当在国家和省规定的期限内建成配套的煤炭洗选设施，使煤炭中的灰分、硫分达到规定的标准。

省人民政府发展和改革部门应当会同有关部门，制定商品煤质量管理办法，报省人民政府批准后实施。

第四十二条　县级以上人民政府应当采取有利于煤炭清洁高效利用、能源转化的经济、技术政策和措施，鼓励坑口发电和煤层气、煤矸石、粉煤灰、炉渣资源的综合利用。

第四十三条　锅炉制造企业应当根据国家锅炉大气污染物排放标准和相关要求，在锅炉产品质量标准中标明相应的污染物初始排放控制要求。

第四十四条　工业生产中产生的可燃性气体应当回收利用。不具备回收利用条件而向大气排放的，应当进行污染防治处理。

可燃性气体回收利用装置不能正常作业的，应当及时修复或者更新。在回收利用装置不能正常作业期间确需排放可燃性气体的，应当将排放的可燃性气体充分燃烧或者采取其他减轻大气污染的措施。

第四十五条　下列产生含挥发性有机物废气的生产活动，应当按照国家规定在密闭空间或者设备中进行，并安装、使用污染防治设施：

（一）石油炼制与石油化工、煤炭加工与转化等含挥发性有机物原料的生产；

（二）燃油、溶剂的储存、运输和销售；

（三）涂料、油墨、胶粘剂、农药等以挥发性有机物为原料的生产；

（四）涂装、印刷、粘合、工业清洗等含挥发性有机物的产品使用。

加油加气站、储油储气库和油罐车、气罐车，应当安装油气回收装置并保持正常使用，并每年向当地环境保护行政主管部门报送由具有检测资质的机构出具的油气排放检测报告。

第四十六条　工业涂装企业应当按照规定，使用低挥发性有机物含量涂料，记录生产工艺、设施及污染控制设备的主要操作参数、运行情况，建立记录生产原料、辅料的使用量、废弃量和去向，以及挥发性有机物含量的台账。台账的保存时间不得少于一年。

第四十七条　生产和使用有机溶剂的企业，对管道、设备进行日常维护、维修时，应当减少物料泄漏，并对已经泄漏的物料及时收集处理。

第四十八条　企业应当全面推进清洁生产，优先采用能源和原材料利用效率高、污染物排放量少的清洁生产技术、工艺和设备，淘汰严重污染大气环境质量的产品、落后工艺和落后设备，减少大气污染物的产生和排放。在钢铁、化工、煤炭、电力、有色金属冶炼、水泥等重点行业开展强制性清洁生产审核，实施清洁生产技术改造。

第五章　机动车船大气污染防治

第四十九条　建立和完善机动车、船排气污染防治工作协调机制，采取严格执行标准、实行标志管理、限期治理和更新淘汰等防治措施。

第五十条　县级以上人民政府应当优先发展公共交通事业，规划、建设和设置有利于公众乘坐公共交通运输工具、步行或者使用非机动车的道路、公共交通枢纽站、自行车租赁服务系统、充电加气等基础设施。倡导和鼓励公众使用公共交通、自行车等方式出行。

国家机关、事业单位、国有企业以及公交、环卫等行业应当率先推广使用新能源和清洁能源机动车。

第五十一条　设区的市人民政府根据城市规划和大气环境质量状况，合理控制燃油机动车保有量，限制摩托车的行驶范围，并向社会公告。

第五十二条　机动车和船舶向大气排放污染物不得超过规定的排放标准。

任何单位和个人不得制造、销售、进口、使用污染物排放超过规定排放标准的机动车和船舶。

第五十三条　在用机动车和船舶应当按照国家规定的检验周期进行排气污染检测。

对不符合规定排放标准的机动车和船舶，公安机关交通管理部门、环境保护、海事、渔政等部门不得核发牌证或者环保、安全检验合格标志。

第五十四条　机动车维修单位，应当按照国家有关技术标准进行维修。维修后机动车的污染物排放应当达到规定的标准。

机动车二级维护、发动机总成大修、整车大修等维修，应当经排气污染检测合格后，方可交付使用。

第五十五条　省人民政府环境保护行政主管部门和负责质量技术监督的部门应当加强对机动车环保检验机构的监督管理。

从事机动车排气污染检验的机构，应当按照国家规定的检验方法和技术规范进行检验，如实提供检验报告，并按照规定向当地环境保护行政主管部门联网报送检验信息，不得编造和篡改检验数据和信息。检验机构及其负责人对检验结果承担法律责任。

第五十六条　县级以上人民政府环境保护行政主管部门应当按照国家有关规定，对机动车核发全省统一的环保检验合格标志。根据国家有关规定，环保检验合格标志分为绿色和黄色。未取得环保检验合格标志的机动车，不得上路行驶。

禁止伪造、变造、买卖或者使用伪造、变造、买卖的机动车环保检验合格标志。

对黄色环保标志的机动车实施区域禁行。区域禁行办法由设区的市人民政府制定。

对黄色环保标志的机动车在国家和省规定的期限内强制淘汰。

第五十七条　环境保护行政主管部门会同公安机关交通管理部门，可以对在道路上行驶的机动车的污染物排放状况进行遥感监测。遥感监测取得的数据，可以作为环境执法的依据。

第五十八条　销售机动车、船、航空器使用的燃料，应当符合国家规定的标准。

第五十九条　非道路移动机械大气污染防治，按照国家和省有关规定执行。

第六章　扬尘污染防治

第六十条　省人民政府环境保护行政主管部门会同有关部门，应当制定和完善扬尘控制技术规范和标准。

县级以上人民政府住房和城乡建设、市容环境卫生、交通运输、环境保护等部门应当根据本级人民政府确定的职责加强对施工工程作业的监督管理，并将扬尘污染的控制状况作为环境综合整治考核的内容。

第六十一条　从事房屋建筑、市政基础设施施工、河道整治、建筑物拆除、矿产资源开采、物料运输和堆放、砂浆混凝土搅拌及其他产生扬尘污染活动的相关建设、施工、材料供应、建筑垃圾、渣土运输等单位，应当采取大气污染防治措施，完善污染防治设施，落实人员和经费，全面推行标准化、规范化管理。

第六十二条　建设单位应当在施工前向县级以上人民政府工程建设有关部门提交施工工地扬尘污染防治方案，并保障施工单位扬尘污染防治专项费用。

扬尘污染防治专项费用应当列入安全文明施工措施费，作为不可竞争费用纳入工程建设成本。

第六十三条　施工单位应当按照工地扬尘污染防治方案的要求，在施工现场出入口公示扬尘污染控制措施、负责人、环保监督员、扬尘监管主管部门等有关信息，接受社会监督，并采取下列扬尘污染防治措施：

（一）施工现场实行围挡封闭，出入口位置配备车辆冲洗设施；

（二）施工现场出入口、主要道路、加工区等采取硬化处理措施；

（三）施工现场采取洒水、覆盖、铺装、绿化等降尘措施；

（四）施工现场建筑材料实行集中、分类堆放。建筑垃圾采取封闭方式清运，严禁高处抛洒；

（五）外脚手架设置悬挂密目式安全网的方式封闭；

（六）施工现场禁止焚烧沥青、油毡、橡胶、垃圾等易产生有毒有害烟尘和恶臭气体的物质；

（七）拆除作业实行持续加压洒水或者喷淋方式作业；

（八）建筑物拆除后，拆除物应当及时清运，不能及时清运的，应当采取有效覆盖措施；

（九）建筑物拆除后，场地闲置三个月以上的，用地单位对拆除后的裸露地面采取绿化等防尘措施；

（十）易产生扬尘的建筑材料采取封闭运输；

（十一）建筑垃圾运输、处理时，按照城市人民政府市容环境卫生行政主管部门规定的时间、路线和要求，清运到指定的场所处理；

（十二）启动Ⅲ级（黄色）预警或气象预报风速达到四级以上时，不得进行土方挖填、转运和拆除等易产生扬尘的作业。

第六十四条 生产预拌混凝土、预拌砂浆应当采取密闭、围挡、洒水、冲洗等防尘措施。

鼓励、支持发展全封闭混凝土、砂浆搅拌。

第六十五条 装卸和运输煤炭、水泥、砂土、垃圾等易产生扬尘的作业，应当采取遮盖、封闭、喷淋、围挡等措施，防止抛洒、扬尘。

运输垃圾、渣土、砂石、土方、灰浆等散装、流体物料的，应当使用符合条件的车辆，并安装卫星定位系统。

建筑土方、工程渣土、建筑垃圾应当及时运输到指定场所进行处置；在场地内堆存的，应当有效覆盖。

第六十六条 城市道路保洁作业应当符合下列扬尘污染防治要求：

（一）城市主要道路机动车道每日至少洒水降尘或者冲洗一次，雨雪或者最低气温在摄氏2度以下的天气除外；

（二）鼓励在城区道路使用低尘机械化清扫作业方式；

（三）采用人工方式清扫的，应当符合市容和环境卫生作业服务规范。

机场、车站广场、码头、停车场、公园、城市广场、街头游园以及专用道路等露天公共场所，应当保持整洁，防止扬尘污染。

第六十七条 露天开采、加工矿产资源，应当采取喷淋、集中开采、运输道路硬化绿化等防止扬尘污染的措施。开采后应当及时进行生态修复。

已经关闭或者废弃矿山的生态修复，按照《安徽省矿山地质环境保护条例》有关规定执行。

第六十八条 裸露地面应当按照下列规定进行扬尘防治：

（一）待开发的建设用地，建设单位负责对裸露地面进行覆盖；超过三个月的，应当进行临时绿化或者透水铺装；

（二）市政道路及河道沿线、公共绿地的裸露地面，分别由住房和城乡建设、水务、园林绿化部门组织按照规划进行绿化或者透水铺装；

（三）其他裸露地面由使用权人或者管理单位负责进行绿化或者透水铺装，并采取防尘措施。

第七章　其他大气污染防治

第六十九条　县级以上人民政府发展改革、农业等部门应当制定秸秆综合利用方案，推行秸秆还田、秸秆饲料开发、秸秆基料化、秸秆气化、秸秆固化成型燃料、秸秆堆肥、秸秆发电和秸秆工业原料开发等综合利用方式。

县级以上人民政府应当制定秸秆综合利用财政补贴等政策，鼓励、引导秸秆的收集和利用，扶持秸秆收储和综合利用的企业发展。

第七十条　禁止在人口集中地区、机场周围、交通干线附近以及当地人民政府划定的区域露天焚烧秸秆、落叶、垃圾等产生烟尘污染的物质。

设区的市和县级人民政府应当公布秸秆禁烧区及禁烧区乡镇、街道名单，接受公众监督。禁烧区内的乡镇人民政府、街道办事处应当落实秸秆禁烧管理工作。

第七十一条　市、县人民政府应当根据当地实际，规定烟花爆竹的禁售、禁放，或者限售、限放的区域和时间。

鼓励开展文明绿色殡葬、祭祀等活动。

第七十二条　禁止在下列地点燃放烟花爆竹：

（一）文物保护单位；

（二）车站、码头、机场等交通枢纽以及铁路线路安全保护区；

（三）易燃易爆物品生产、储存单位；

（四）输变电设施安全保护区；

（五）幼儿园、学校、文化机构、医疗机构、养老机构；

（六）山林、草原、苗圃等重点防火区；

（七）重要军事设施安全保护区；

（八）市、县人民政府规定的禁止燃放烟花爆竹的其他地点。

前款规定禁止燃放烟花爆竹地点的具体范围，有关单位应当设置明显的禁放警示标志。

第七十三条　饮食服务业的经营者应当依法安装和使用与其经营规模相匹配的污染防治设施。餐饮油烟污染防治设施应当包括：

（一）油烟、废气净化装置；

（二）专门的油烟（气）排放通道；

（三）异味处理设施。

本条例实施前未安装和使用与其经营规模相匹配的污染防治设施的，应当限期治理。

禁止在居民住宅楼、未配套设立专用烟道的商住综合楼、商住综合楼内与居住层相邻的商业楼层内新建、改建、扩建产生油烟、异味、废气的饮食服务项目。

第七十四条 市、县人民政府可以划定禁止露天烧烤区域。

任何单位和个人不得在政府划定的禁止露天烧烤区域内露天烧烤食品或者为露天烧烤食品提供场地。

第七十五条 在机关、学校、医院、居民住宅区等人口集中地区和其他依法需要特殊保护的区域内，禁止从事下列生产活动：

（一）橡胶制品生产、经营性喷漆、制骨胶、制骨粉、屠宰、畜禽养殖、生物发酵等产生恶臭、有毒有害气体的生产经营活动；

（二）露天焚烧油毡、沥青、橡胶、塑料、皮革、垃圾或者其他可能产生恶臭、有毒有害气体的活动。

垃圾填埋场、垃圾发电厂、污水处理厂、规模化畜禽养殖场等应当采取措施处理恶臭气体。

第七十六条 县级以上人民政府园林等部门应当采取措施，调整林木、花草种植品种，限制易产生飞絮的林木、花草大面积种植。

第七十七条 向大气排放含放射性物质的气体和气溶胶，必须符合国家有关放射性防护的规定，禁止超过规定的标准排放。

在国家规定的期限内，生产、进口消耗臭氧层物质的单位必须按照国务院有关行政主管部门核定的配额进行生产、进口。

第八章　法律责任

第七十八条 违反本条例第十条第三款规定的，由县级以上人民政府环境保护行政主管部门责令停止排污或者限制生产、停业整治，处以二十万元以上一百万元以下罚款；情节严重的，报经有批准权的人民政府批准，责令停业、关闭。

第七十九条 违反本条例第十五条第一款规定未经环境保护行政主管部门批准，拆除或者闲置大气污染防治设施的，由审批该建设项目环境影响评价文件的环境保护行政主管部门责令改正，处以五万元以上二十万元以下罚款；拒不改正的，责令停产整治。

第八十条　违反本条例第十六条规定的，由县级以上人民政府环境保护行政主管部门责令停止排污或者限制生产、停产整治，处二十万元以上一百万元以下罚款；情节严重的，报经有批准权的人民政府批准，责令停业、关闭。

第八十一条　违反本条例第十八条第一款规定，有大气污染物排放总量控制任务的企业事业单位，未按照规定监测、记录、保存大气污染物排放数据或者公开虚假大气污染物排放数据的，由县级以上人民政府环境保护行政主管部门责令改正，处以五万元以上二十万元以下罚款；拒不改正的，责令停产整治。

第八十二条　违反本条例第十九条规定，未按规定配备大气污染物排放自动监控设备，或者自动监控设备未稳定运行、数据不准确的，由县级以上人民政府环境保护行政主管部门责令改正，处以五万元以上二十万元以下罚款；拒不改正的，责令停产整治。

第八十三条　违反本条例第二十七条第一款规定的，由县级以上人民政府环境保护行政主管部门责令改正，处以一万元以上三万元以下罚款。

第八十四条　违反本条例第三十五条第二款规定，在禁燃区超出规定期限继续使用高污染燃料的，由县级以上人民政府环境保护行政主管部门组织拆除燃用高污染燃料的设施。

违反本条例第三十五条第三款规定的，由县级以上人民政府产品质量监督、工商行政管理部门按照职责责令改正，没收原材料、产品和违法所得，处货值金额一倍以上三倍以下罚款。

第八十五条　违反本条例第三十六条第二款规定的，由县级以上人民政府环境保护行政主管部门组织拆除。

第八十六条　违反本条例第四十四条第一款、第四十五条、第四十六条规定的，由县级以上人民政府环境保护行政主管部门责令改正，处以五万元以上二十万元以下罚款；拒不改正的，责令停产整治。

第八十七条　违反本条例第五十五条第二款规定，不如实提供检验报告的，由县级以上人民政府环境保护行政主管部门责令改正，没收违法所得，处以五万元以上二十万元以下罚款；拒不改正的，由负责资质认定的部门取消其检验资格。

第八十八条　违反本条例第五十六条第一款规定，机动车未取得环保检验合格标志上路行驶的，由公安机关交通管理部门责令改正；逾期未改正的，处以二百元罚款。

违反本条例第五十六条第二款规定的，由公安机关依照《中华人民共和国治安管理处罚法》关于伪造、变造、买卖国家证明文件的有关规定予以处罚。

违反本条例第五十六条第三款规定，黄色环保标志机动车进入禁行区域的，由公安机关交通管理部门责令改正，处以一百元罚款。

第八十九条　违反本条例第五十八条规定的，由县级以上人民政府工商行政管理部门责令停止销售，没收违法销售的产品；有违法所得的，没收违法所得，处以违法销售金额一倍以上三倍以下罚款。

第九十条　违反本条例第六十二条第二款规定的，由县级以上人民政府住房和城乡建设部门责令停止施工。

第九十一条　违反本条例第六十三条规定，施工单位未采取扬尘污染防治措施，或者违反本条例第六十四条第一款规定，生产预拌混凝土、预拌砂浆未采取密闭、围挡、洒水、冲洗等防尘措施的，由县级以上人民政府住房和城乡建设部门责令改正，处以二万元以上十万元以下罚款；拒不改正的，责令停工整治。

第九十二条　违反本条例第六十五条第一款规定的，由县级以上人民政府环境保护行政主管部门或者其他依法行使监督管理权的部门责令停止违法行为，处以五千元以上二万元以下罚款。

违反本条例第六十五条第二款规定的，由县级以上人民政府环境保护行政主管部门或者其他依法行使监督管理权的部门责令改正，处以五百元以上二千元以下罚款。

违反本条例第六十五条第三款规定的，由县级以上人民政府环境保护行政主管部门责令改正，处二万元以上十万元以下罚款；拒不改正的，责令停工整治或者停业整治。

第九十三条　违反本条例第六十七条第一款规定，露天开采、加工矿产资源，未采取喷淋、集中开采、运输道路硬化绿化等扬尘污染防治措施的，由县级以上人民政府环境保护行政主管部门或者其他依法行使监督管理权的部门责令改正，处以二万元以上十万元以下罚款；拒不改正的，责令停工整治。

第九十四条　违反本条例第七十条第一款规定的，由县级以上人民政府环境保护行政主管部门或者其他依法行使监督管理权的部门责令改正，处以五百元以上二千元以下罚款。

第九十五条　违反本条例第七十二条第一款规定的，由公安部门或者其他依法行使监督管理权的部门责令停止燃放，处以五百元以上二千元以下罚款；构成违反治安管理行为的，依法给予治安管理处罚。

第九十六条　违反本条例第七十三条第一款规定的，由县级以上人民政府环境保护行政主管部门责令改正，处以一万元以上五万元以下罚款；拒不改正的，责令停业整治。

违反本条例第七十三条第三款规定的，由县级以上人民政府环境保护行政主管部门责令改正；拒不改正的，处以二万元以上十万元以下罚款。

第九十七条 违反本条例第七十四条第二款规定的，由城市市容环境卫生管理部门责令改正；拒不改正的，没收烧烤工具和违法所得，处以二千元以上五千元以下罚款。

第九十八条 违反本条例第七十五条第一款规定的，由县级以上人民政府环境保护行政主管部门责令改正，对企业事业单位处二万元以上十万元以下罚款，对个人处二千元以上五千元以下罚款。

第九十九条 企业事业单位和其他生产经营者违反本条例第十五条、第十八条、第四十四条第一款、第四十五条、第六十五条、第七十三条第一款、第七十五条第一款，违法向大气排放污染物，受到罚款处罚，被责令改正，拒不改正的，依法作出处罚决定的行政机关可以自责令改正之日的次日起，按照原处罚数额按日连续处罚。

第一百条 地方各级人民政府、县级以上人民政府环境保护行政主管部门和其他负有环境保护监督管理职责的部门有下列行为之一的，对直接负责的主管人员和其他直接责任人员给予记过、记大过或者降级处分；造成严重后果的，给予撤职或者开除处分，其主要负责人应当引咎辞职：

（一）不符合行政许可条件准予行政许可的；

（二）对环境违法行为进行包庇的；

（三）依法应当作出责令停业、关闭的决定而未作出的；

（四）对超标排放污染物、采用逃避监管的方式排放污染物、造成环境事故以及不落实生态保护措施造成生态破坏等行为未及时查处的；

（五）因工作不力、履职缺位等导致未能有效应对重污染天气的；

（六）篡改、伪造或者指使篡改、伪造监测数据的；

（七）应当依法公开环境信息而未公开的；

（八）将征收的排污费截留、挤占或者挪作他用的；

（九）接到举报后未及时查处或者对举报人的相关信息没有予以保密的；

（十）法律法规规定的其他违法行为。

第一百零一条 违反本条例规定，构成犯罪的，依法追究刑事责任。

第九章　附　　则

第一百零二条 本条例自 2015 年 3 月 1 日起施行。

安徽省社会保险费征缴暂行规定

省人民政府令第 128 号

第一章 总 则

第一条 为了加强和规范社会保险费征缴工作，保障社会保险金的发放，根据国务院《社会保险费征缴暂行条例》（以下简称《条例》）和有关法律、法规，结合本省实际，制定本规定。

第二条 本规定适用于本省行政区域内基本养老保险费、基本医疗保险费、失业保险费、工伤保险费、生育保险费（以下统称社会保险费）的征收、缴纳。

第三条 省劳动保障行政部门负责全省社会保险费的征缴管理和监督工作。市、县级劳动保障行政部门负责本行政区域内社会保险费的征缴管理和监督工作。

第四条 社会保险费由地方税务机关征收。地方税务机关有权对社会保险费征收情况进行监督检查。

第二章 社会保险费征缴范围和标准

第五条 社会保险费征缴范围包括下列单位和个人：

（一）基本养老保险费征缴范围：国有企业、城镇集体企业。外商投资企业、城镇私营企业和其他城镇企业及其职工，实行企业化管理的事业单位及其职工，城镇个体工商户及其雇工。

（二）基本医疗保险费征缴范围：国有企业、城镇集体企业、外商投资企业、城镇私营企业和其他城镇企业及其职工，国家机关及其工作人员，事业单位及其职工，民办非企业单位及其职工，社会团体及其专职人员。

（三）失业保险费的征缴范围：国有企业、城镇集体企业、外商投资企业、城镇私营企业和其他城镇企业及其职工，事业单位及其职工，社会团体及其专职人员，民办非企业单位及其职工，设区的市的人民政府规定应当缴纳失业保险费的有雇工的城镇个体工商户及其雇工。

（四）工伤保险费的征缴范围：国有企业、城镇集体企业、外商投资企业、城镇私营企业和其他城镇企业及其职工。

（五）生育保险费的征缴范围由设区的市的人民政府规定。

上述社会保险费征缴范围内的单位和个人以下统称缴费单位和缴费个人。

第六条 社会保险费费基为缴费单位工资总额。其中：职工个人缴纳基本养老保险费、基本医疗保险费的本人工资以及城镇个体工商户业主及其雇工缴纳基本养老保险费的月收入，低于全省上年度职工平均工资 60％的，按 60％计缴；高于全省上年度职工平均工资 300％的，按 300％计缴。

第七条 社会保险费的费率按下列规定执行：

（一）基本养老保险费费率

单位缴费率在全省未统一前暂按省人民政府授权省劳动保障行政部门批准的缴费费率执行。

职工个人以及城镇个体工商户的雇工的缴费率为本人工资的 5％；以后逐步调整，最终达到 8％。

城镇个体工商户业主的缴费率暂定为本人月收入的 16％。

（二）基本医疗保险费费率

单位缴费率由设区的市的人民政府规定，超过单位工资总额 6.5％的，须报经省人民政府批准。职工缴费率为本人工资的 2％。

（三）失业保险费费率

单位缴费率为本单位工资总额的 2％。职工缴费率为本人工资的 1％。

（四）工伤保险费费率

工伤保险费费率依照省人民政府的有关规定，根据行业的工伤风险类别和工伤事故、职业病的发生频率由设区的市的人民政府确定，并可视企业工伤事故发生情况进行浮动。

（五）生育保险费费率

生育保险费费率根据国家有关规定，由设区的市的人民政府确定，最高不超过企业工资总额的 1％。

第三章 社会保险登记

第八条 缴费单位必须依法向当地劳动保障行政部门的社会保险经办机构（以下简称社会保险经办机构）申请办理社会保险登记。对符合办理社会保险登记的用人单位，社会保险经办机构应当在 3 日内发给社会保险登记证件。

第九条　缴费单位的社会保险登记事项发生变更的，应自变更之日起 30 日内，到原申请登记的社会保险经办机构办理变更登记手续。但因住所变动或经营地点变动而涉及改变社会保险登记机构的，应办理注销社会保险登记手续，并到迁入地社会保险经办机构重新办理社会保险登记。

缴费单位发生解散、破产、撤销以及其他情形，依法终止社会保险费缴纳义务的，应当自终止之日起 30 日内，到社会保险经办机构办理注销登记手续。

第十条　社会保险经办机构发给缴费单位社会保险登记证件或办理变更、注销社会保险登记，应当自发证或办理变更。注销登记手续之日起 5 日内，将有关情况书面通知负责征收社会保险费的税务机关。

第四章　社会保险费申报

第十一条　缴费单位在办理社会保险登记时和每年年初，必须向社会保险经办机构提供应缴费人员名单和本单位职工工资总额，并依照社会保险经办机构确定的时间，按月向社会保险经办机构申报缴纳社会保险费的数额。

第十二条　缴费单位当月申报的缴费人员、缴费基数与上月申报有变动的，应提供变动的明细情况。

缴费单位申报的基本养老保险费、基本医疗保险费中个人应缴纳的数额单列。

第十三条　社会保险经办机构应当于每月 26 日前将缴费单位次月应缴社会保险费数额书面通知征收社会保险费的税务机关。

第十四条　缴费单位不按规定申报应缴纳的社会保险费数额的，由社会保险经办机构暂按该单位上月缴费数额的 110％ 确定应缴数额；没有上月缴费数额的，暂按全省上年度职工平均工资为基数确定应缴数额。缴费单位补办申报手续并按核定数额缴纳社会保险费后，由社会保险经办机构按照规定结算。

第五章　社会保险费征缴

第十五条　缴费单位应于每月 10 日前，按照社会保险经办机构核定的应缴数额，向主管地方税务机关缴纳社会保险费。主管地方税务机关按照社会保险经办机构核定的应缴数额按不同险种向缴费单位开具社会保险费征缴专用票据，交由缴费单位办理社会保险费解缴手续。

第十六条　地方税务机关可以委托有关单位代征少数零星分散的社会保险费，并发给委托代征证书。受委托单位按照代征证书规定的范围和要求，以地方税务机关的名义征收社会保险费。

第十七条　缴费单位未按规定的期限足额缴纳和代扣代缴社会保险费的，地方税务机关应责令其限期缴纳，逾期仍不缴纳的，除补缴欠缴数额外，并从欠缴之日起，按日加收 2‰ 的滞纳金。加收的滞纳金并入社会保险基金。

第十八条　地方税务机关征收的社会保险费，应直接缴入国库。国库应于社会保险费入库当日将地方税务机关开具的社会保险费专用票据有关联次分别反馈给地方税务机关和社会保险经办机构。国库应每隔 5 日将社会保险费全额划转到财政部门在国家商业银行开设的社会保障基金财政专户。

第十九条　地方税务机关应当及时向社会保险经办机构提供缴费单位和缴费个人的缴费情况；社会保险经办机构应当按月汇总缴费情况，报劳动保障行政部门和上一级社会保险经办机构。

第二十条　社会保险经办机构按照不同险种的统筹范围，分别建立基本养老保险基金、基本医疗保险基金、失业保险基金、工伤保险基金、生育保险基金。各项社会保险基金分项核算、单独建账。基金使用时应当分别设立相应的支出账户。

第二十一条　社会保险经办机构应当建立缴费记录。其中对于基本养老保险费、基本医疗保险费，在缴费单位足额缴费和按规定代扣代缴个人缴费后，应同时按规定逐月记录个人账户。缴费记录由社会保险经办机构负责保存，并保证其安全、完整。

社会保险经办机构应当在每年 6 月 30 日前向缴费个人发送上年度的基本养老保险、基本医疗保险个人账户通知单。

第二十二条　缴费单位、缴费个人有权查询本单位和本人的缴费记录，社会保险经办机构不得拒绝，缴费单位、缴费个人认为社会保险经办机构公告的缴费情况和发送的个人账户通知单与实际缴费不符的，有权要求社会保险经办机构予以复核，社会保险经办机构应在 15 日内告知复核结果。

第六章　监督检查

第二十三条　缴费单位应当每年向本单位职工和职工代表大会公布本单位全年缴纳社会保险费的情况，接受职工监督。

社会保险经办机构应当至少每半年向社会公告一次社会保险费征缴情况，接受社会监督。

第二十四条　劳动保障行政部门对下列社会保险费征缴事项进行监督检查：

（一）缴费单位办理社会保险登记、变更登记或注销登记情况；

（二）缴费单位申报缴费的情况；

（三）缴费单位向职工公布本单位及个人的缴费情况；

（四）法律、法规规定的其他监督检查事项。

社会保险经办机构受同级劳动保障行政部门委托，可对缴费单位履行社会保险登记、缴费申报等情况进行调查和检查，发现有违反《条例》和本规定行为的，有权责令其改正。

第二十五条　税务机关对下列社会保险费征缴的事项进行监督检查：

（一）缴费单位缴纳社会保险费情况；

（二）缴费单位代扣代缴个人缴费情况；

（三）受委托单位代征社会保险费情况；

（四）法律、法规规定的其他监督检查事项。

第二十六条　劳动保障行政部门、社会保险经办机构和税务机关进行社会保险费征缴监督检查时，行使下列职权：

（一）要求缴费单位提供与缴纳社会保险费有关的用人情况、工资表、财务报表等资料，被检查单位应当及时如实提供，不得拒绝。

（二）对缴费单位提供的资料可以记录、录音、录像、照相和复制，但是，应当为缴费单位和个人保密。

（三）对缴费单位不能及时提供有关情况和资料的，可以下达监督检查询问书，缴费单位必须限期做出书面答复。

第二十七条　劳动保障行政部门、社会保险经办机构和税务机关执法人员对缴费单位进行监督检查时，应当有两人以上并应主动出示行政执法证件。

第二十八条　劳动保障行政部门或者税务机关在查处社会保险费征缴违法案件时，工商、财政、审计、银行等有关部门和单位应予以支持、配合。

第二十九条　社会保险基金实行收支两条线管理，财政、审计部门依法对社会保险基金的收支管理情况进行监督。

第七章　罚　　则

第三十条　缴费单位有下列行为之一的，由劳动保障行政部门责令限期改正；情节严重的，对直接负责的主管人员和其他直接责任人员处以 1000 元以上 5000 元以下的罚款；情节特别严重的，对直接负责的主管人员和其他直接责任人员处以 5000 元以上 10000 元以下的罚款：

（一）未按照规定办理社会保险登记的；

（二）未按照规定办理社会保险变更登记的；

（三）未按照规定办理社会保险注销登记的；

（四）未按照规定申报应缴纳的社会保险费数额的。

第三十一条　缴费单位违反财务、会计、统计的法律、行政法规和国家的有关规定，伪造、变造、故意毁灭有关账册、材料的，或者不设账册，致使社会保险费缴费基数无法确定的，除依照本规定第十四条的规定征缴外，依照有关法律、行政法规的规定，对其直接负责的主管人员和其他直接责任人员给予行政处罚、纪律处分；构成犯罪的，依法追究刑事责任。

第三十二条　缴费单位违反规定迟延缴纳社会保险费的，由税务机关依照第十七条的规定加收滞纳金，并对其直接负责的主管人员和其他直接责任人员处以5000元以上20000元以下的罚款。

第三十三条　缴费单位和缴费个人对劳动保障行政部门或者税务机关的处罚决定不服的，可以依法申请复议；对复议决定不服的，可以依法提起诉讼。

行政复议或行政诉讼期间，不影响行政处罚决定的执行。

第三十四条　缴费单位逾期拒不缴纳社会保险费、滞纳金的，由税务机关依照法律、法规和有关规定执行。

第三十五条　劳动保障行政部门、社会保险经办机构或者税务机关的工作人员滥用职权、徇私舞弊、玩忽职守，致使社会保险费流失的，由劳动保障行政部门或者税务机关负责追回流失的社会保险费；构成犯罪的，依法追究刑事责任；尚不构成犯罪的，依法给予行政处分。

第三十六条　挤占挪用社会保险基金的，依照《条例》和有关法律法规的规定处理。

第八章　附　　则

第三十七条　税务机关征收社会保险费，社会保险经办机构经办社会保险业务，不得从社会保险基金中提取任何费用，所需经费列入预算，由财政拨付。

第三十八条　本规定自 2001 年 1 月 1 日起施行。

安徽省职工生育保险暂行规定

《安徽省职工生育保险暂行规定》已经 2006 年 11 月 15 日省人民政府第 45 次常务会议讨论通过，现予公布，自 2007 年 1 月 1 日起施行。

省长 王金山
二〇〇六年十一月三十日

第一章 总 则

第一条 为了维护职工的合法权益，保障女职工生育期间的基本生活和基本医疗保健需要，根据《中华人民共和国劳动法》、《中华人民共和国妇女权益保障法》等有关法律、法规，结合本省实际，制定本规定。

第二条 本规定适用于本省行政区域内的国家机关、社会团体、企业事业单位、民办非企业单位、有雇工的个体工商户（以下统称用人单位）及其职（雇）工。

第三条 县级以上劳动保障行政部门主管本行政区域内的生育保险工作。

县级以上劳动保障行政部门所属社会保险经办机构（以下统称经办机构）具体承办生育保险业务。经办机构所需经费纳入同级财政预算。

财政、地税、人口计生、卫生、食品药品监督、物价等有关部门应当在各自职责范围内，协助做好生育保险有关工作。

第四条 生育保险基金的统筹层次与基本医疗保险基金的统筹层次保持一致，实行生育保险基金的统一筹集、使用和管理。

第五条 用人单位应当按照本规定参加生育保险，依法缴纳生育保险费。职工个人不缴纳生育保险费。

生育保险费的征缴按照国务院《社会保险费征缴暂行条例》、《安徽省社会保险费征缴暂行规定》和国家及省有关规定执行。

第二章 生育保险基金

第六条 生育保险基金根据以支定收、收支平衡的原则筹集，纳入财政专户，实行收支两条线管理。

第七条　生育保险基金由下列各项构成：

（一）用人单位缴纳的生育保险费；

（二）生育保险基金的利息；

（三）延迟交纳生育保险费的滞纳金；

（四）依法纳入生育保险基金的其他资金。

第八条　生育保险基金用于下列支出：

（一）生育津贴；

（二）生育医疗费用；

（三）计划生育手术医疗费用；

（四）产假期间生育并发症和计划生育手术当期并发症的医疗费用；

（五）法律、法规、规章规定应当由生育保险基金支出的有关费用。

第九条　用人单位应当按月足额缴纳生育保险费。用人单位缴纳生育保险费的数额为本单位上一年度职工月平均工资总额乘以本单位生育保险费费率之积。

国家机关、全额拨款事业单位的费率在 0.4%；企业的费率在 0.8%—1% 之间，企业具体费率由各统筹地区人民政府确定；其他用人单位可选择上述某一种费率。

第三章　生育保险待遇

第十条　用人单位按照本规定参加生育保险，连续履行缴费义务，其职工本人生育或实施计划生育手术符合法律、法规规定的，享受本规定的生育保险待遇。

第十一条　按企业生育保险费费率缴费的用人单位，其女职工在产假期间，享受 3 个月的生育津贴；有下列情形之一的，增发生育津贴：

（一）分娩时符合医学指征实施剖宫产手术的，增加半个月的生育津贴；

（二）符合计划生育晚育条件的初产妇，增加 1 个月的生育津贴；

（三）多胞胎生育的，每多生育一个婴儿，增加半个月的生育津贴；

（四）在产假期间申请领取独生子女父母光荣证的，增加 1 个月的生育津贴。

按企业生育保险费费率缴费的用人单位，其女职工妊娠 3 个月以上 7 个月以下流产、引产的，享受 1 个半月的生育津贴；3 个月以下流产或患子宫外孕的，享受 1 个月的生育津贴。

第十二条　月生育津贴标准为女职工生育或者流产、引产前 12 个月的平均缴费工资额。缴费不足 12 个月的，按实际缴费月的平均缴费工资额计算。

第十三条　按国家机关、全额拨款事业单位生育保险费费率缴费的用人单位，其女职工在产假期间不享受生育津贴，工资福利仍由用人单位发放。

第十四条　除依法由施行手术的单位承担的费用外，下列医疗费用从生育保险基金中支出：

（一）妊娠和分娩期间所必需的检查费、接生费、手术费、住院费和药费；

（二）施行计划生育手术的医疗费用；

（三）用人单位职工产假期间生育并发症的医疗费用和计划生育手术当期并发症的医疗费用。

但产假期满后需继续治疗的费用和产假期间治疗其他疾病的医疗费用，按照基本医疗保险办法办理。

第十五条　生育保险医疗费用支付范围按照《安徽省城镇职工基本医疗保险和工伤保险药品目录》、《安徽省城镇职工基本医疗保险诊疗项目》、《安徽省城镇职工基本医疗保险医疗服务设施范围和支付标准》的范围确定；超出规定范围的医疗费用，生育保险基金不予支付。

职工使用前款目录中的乙类药品及职工个人支付部分费用的诊疗项目所发生的费用，从生育保险基金中支付。

第四章　生育保险管理

第十六条　生育保险实行定点医疗机构和定点计划生育服务机构（以下统称定点服务机构）管理。定点服务机构由统筹地区劳动保障行政部门按照省劳动保障行政部门规定的条件和标准确定，经办机构与其签订定点服务协议。

第十七条　劳动保障行政部门应当会同卫生、人口计生、物价等有关部门，采取日常督查、定期检查以及对参保单位或者职工举报进行专查相结合的办法，对定点服务机构进行监督检查。

第十八条　用人单位职工在进行生育、计划生育手术时，应当到定点服务机构施行。因特殊情况需在非定点服务机构或转外地生育的，用人单位、职工或其亲属应当及时到经办机构办理有关手续。

第十九条　用人单位被依法宣告撤销、解散和破产以及因其他原因宣布终止的，未缴或欠缴生育保险费的，应当在资产清算时，按照统筹地区上一年度人均生育保险基金支付的生育保险待遇水平，清偿所欠职工的生育费用。

第二十条　用人单位、职工本人或者其委托人应当在职工生育、终止妊娠和施行计划生育手术后，及时向经办机构申请领取生育津贴和有关医疗费用。申领时需提交下列材料：

（一）职工本人身份证；

（二）计划生育有关证明；

（三）生育或施行计划生育手术医学证明；

（四）统筹地区劳动保障行政部门规定的其他材料。

受委托代为申领的被委托人，需提供申领人出具的委托书和被委托人的身份证。

第二十一条　经办机构应当自受理申请之日起 15 个工作日内，对申请材料进行审核，对符合条件的，核定其享受期限和标准，并支付有关费用；对不符合条件的，应当书面告知申请人。

第二十二条　经办机构审核申请人提交的材料时，需要定点服务机构出具有关证明和病情证明的，定点服务机构应当予以配合。

第五章　法律责任

第二十三条　用人单位违反本规定不参加生育保险，或者未按照规定申报应缴纳的生育保险费数额的，由劳动保障行政部门责令限期改正；情节严重的，对直接负责的主管人员和其他直接责任人员可处以 1000 元以上 5000 元以下的罚款；情节特别严重的，对直接负责的主管人员和其他直接责任人员可处以 5000 元以上 10000 元以下的罚款。

第二十四条　用人单位向经办机构申报应缴纳的生育保险费数额时，瞒报工资总额或者职工人数的，由劳动保障行政部门责令改正，并处以瞒报工资数额 1 倍以上 3 倍以下罚款。

第二十五条　参保单位或者职工骗取生育保险待遇或者骗取生育保险基金支出的，由劳动保障行政部门责令退还，并处以骗取金额 1 倍以上 3 倍以下的罚款；构成犯罪的，依法追究刑事责任。

第二十六条　定点服务机构有下列行为之一，由劳动保障行政部门责令退还，并处以骗取金额 1 倍以上 3 倍以下的罚款；情节严重的，取消其定点服务机构资格；构成犯罪的，依法追究刑事责任。

（一）将未参加生育保险人员医疗费用列入生育保险基金支付的；

（二）将不属于生育保险支付的费用列入生育保险基金支付的；

（三）出具虚假证明或虚假收费凭证的；

（四）违反医疗、药品、价格等管理规定的。

第二十七条　劳动保障行政部门和经办机构的工作人员滥用职权、徇私舞弊、玩忽职守，造成生育保险基金损失的，由劳动保障行政部门负责追回损失的生育保险基金，对负有直接责任的主管人员和其他直接责任人员由任免机关或监察机关依法给予行政处分；构成犯罪的，依法追究刑事责任。

　　劳动保障行政部门或其他有关部门不履行对定点服务机构监督职责的，由本级人民政府责令改正；情节严重的，依法对直接负责的主管人员和其他直接责任人员给予行政处分。

第六章　附　　则

　　第二十八条　按照本规定应当参加生育保险的职工，由于用人单位原因未能参保的，其职工生育和实施计划生育手术的有关待遇，由用人单位按照本规定的标准予以解决。本规定实施前所发生的有关费用按原渠道解决。

　　第二十九条　有雇工的个体工商户参加生育保险的具体步骤，由各统筹地区人民政府规定。

　　第三十条　本规定自 2007 年 1 月 1 日起施行。

《安徽省最低工资规定》

安徽省人民政府令第 272 号

《安徽省最低工资规定》已经 2016 年 11 月 22 日省人民政府第 90 次常务会议审议通过，现予公布，自 2017 年 2 月 1 日起施行。

代省长　李国英

2016 年 12 月 9 日

安徽省最低工资规定

第一条　为了维护劳动者的合法权益，保障劳动者个人及其家庭成员的基本生活，根据《中华人民共和国劳动法》《中华人民共和国劳动合同法》和有关法律、法规，结合本省实际，制定本规定。

第二条　本省行政区域内的企业、个体经济组织、民办非企业单位等组织（以下简称用人单位）和与之形成劳动关系的劳动者，适用本规定。

国家机关、事业单位、社会团体和与之建立劳动关系的劳动者，依照本规定执行。

第三条　本规定所称最低工资标准，是指省人民政府规定的，在劳动者提供正常劳动的条件下，用人单位支付劳动者最低报酬的标准。

本规定所称正常劳动，是指劳动者在法定工作时间或者劳动合同约定的工作时间内从事的劳动。劳动者在国家和省规定的年休假、产假、计划生育手术假、探亲假、婚丧假等假期内休假，以及在工作时间内依法参加社会活动；视为提供正常劳动。

第四条　最低工资标准分为月最低工资标准、小时最低工资标准两种形式。

月最低工资标准适用于全日制劳动者；小时最低工资标准适用于非全日制劳动者。

第五条　月最低工资标准的确定和调整，主要参考当地的下列因素：

（一）社会平均工资水平；

（二）劳动者及其赡养人口的最低生活费用；

（三）居民消费价格指数；

（四）经济社会发展水平和就业状况。

小时最低工资标准的确定和调整，在参考前款规定因素的基础上，还应当参考非全日制劳动者在工作稳定性、劳动条件、劳动强度、福利等方面与全日制劳动者之间的差异。

第六条　最低工资标准的确定和调整，应当按照下列程序进行：

（一）省人力资源社会保障部门会同统计、物价等部门和省总工会、企业联合会、工商业联合会，在测算相关因素的基础上，拟订全省各市、县最低工资标准方案。

（二）省人力资源社会保障部门将全省各市、县最低工资标准方案送设区的市人民政府征求意见；必要时，听取用人单位和劳动者代表的意见。

（三）省人力资源社会保障部门根据各方意见，对全省最低工资标准方案修改完善后，报省人民政府批准。

各级人民政府网站、县级以上人民政府人力资源社会保障部门网站和安徽日报，应当向社会公布省人民政府批准的最低工资标准。县级以上人民政府人力资源社会保障部门应当以适当形式向本行政区域内的用人单位和劳动者宣传最低工资标准。

第七条　最低工资标准每两至三年至少调整一次。

第八条　在劳动者提供正常劳动的条件下，用人单位支付的工资不得低于当地最低工资标准。

实行计件工资、提成工资等工资形式的用人单位，应当确定合理的劳动定额，支付劳动者的工资不得低于当地最低工资标准。

第九条　以劳务派遣形式用工的，劳动合同期内的被派遣劳动者无工作期间，劳务派遣单位支付不低于当地最低工资标准的工资。

第十条　在确定用人单位支付劳动者的工资是否低于当地最低工资标准时，下列项目不计入用人单位支付给劳动者的工资：

（一）延长工作时间工资；

（二）中班、夜班、高温、低温、井下、有毒有害等特殊工作环境、条件下的津贴；

（三）用人单位和劳动者个人依法缴纳的社会保险费和住房公积金；

（四）用人单位支付给劳动者的伙食、交通、通讯、培训、住房补贴；

（五）用人单位支付给劳动者的一次性奖励；

（六）用人单位按照国家规定为劳动者提供的其他福利待遇。

第十一条　人力资源社会保障部门依法对用人单位执行最低工资标准情况进行监督检查。发现违法行为或者接到劳动者举报、投诉的，应当依法处理。

第十二条　工会组织依法对本规定执行情况进行监督，发现用人单位违反本规定的，有权要求用人单位改正。用人单位拒不改正的，工会组织可以提请当地人力资源社会保障部门依法处理。

第十三条　劳动者对用人单位违反本规定的行为，有权向县级以上人民政府人力资源社会保障部门举报或者投诉。

劳动者与用人单位因执行最低工资标准发生劳动争议的，可以与用人单位协商，或者向调解组织申请调解，或者向劳动争议仲裁委员会申请仲裁。

第十四条　用人单位支付劳动者的工资低于当地最低工资标准的，由县级以上人民政府人力资源社会保障部门责令限期支付低于最低工资标准的差额部分。超过限期支付的，责令用人单位按下列标准向劳动者加付赔偿金：

（一）超过限期 10 日以内的，赔偿金数额为应付金额的 50%；

（二）超过限期 10 日以上不满 20 日的，赔偿金数额为应付金额的 70%；

（三）超过限期 20 日的，赔偿金数额为应付金额的 100%。

用人单位拒不依照前款规定支付最低工资标准的差额、加付赔偿金的，由作出责令支付决定的人力资源社会保障部门，按每拒付 1 名职工罚款 2000 元的标准给予行政处罚。

第十五条　本规定自 2017 年 2 月 1 日起施行。

安徽省人民政府办公厅关于印发安徽省工伤保险省级统筹暂行办法的通知

各市、县人民政府，省政府各部门、各直属机构：

《安徽省工伤保险省级统筹暂行办法》已经省政府同意，现印发给你们，请结合实际认真贯彻执行。

安徽省人民政府办公厅

2017 年 3 月 24 日

安徽省工伤保险省级统筹暂行办法

第一条 为提高工伤保险基金的抗风险能力，推进工伤保险制度更加公平、更可持续发展，保障工伤职工的合法权益，根据《中华人民共和国社会保险法》《工伤保险条例》和《安徽省实施〈工伤保险条例〉办法》，结合我省实际，制定本办法。

第二条 工伤保险实行省级统筹，在全省范围统一缴费基数和费率，统一待遇计发标准，统一经办管理和信息系统，统一基金预算管理，统一基金调剂使用。

第三条 工伤保险省级统筹工作，按照制度统一、属地管理、分级负责、缺口分担原则实施。

第四条 各级人民政府负责本行政区域工伤保险工作的组织领导。省社会保险行政部门和经办机构负责工伤保险省级统筹政策的制定和组织实施。各地社会保险行政部门和经办机构负责本行政区域内工伤保险各项工作。财政、审计部门依法对工伤保险基金的收支、管理进行监督。地税部门负责工伤保险基金的征收。

第五条 统一工伤保险缴费基数和费率。工伤保险缴费基数为用人单位上年度职工工资总额。按照以支定收、收支平衡的原则，制定全省统一的行业基准费率政策，建立费率浮动管理制度。

第六条 统一工伤保险待遇计发标准。省级统筹后，工伤保险待遇的计发涉及统筹地区上年度职工月平均工资的，以全省上年度职工月平均工资为计发标准。若设区的市上年度职工月平均工资高于全省上年度职工月平均工资，暂以实施省级统筹时该市上一年度职工月平均工资为计发标准，直至全省上年度职工月平均工资超过或与实施省级统筹时该市上一年度职工月平均工资基本持平后，以全省上年度职工月平均工资为计发标准。

第七条　统一工伤保险经办管理和信息系统。建立统一的工伤保险经办管理服务规范，完善经办业务流程、稽核监督、协议管理和服务手段，实现全省工伤保险经办管理标准化、规范化、信息化。

统一全省工伤保险信息系统，推进社会保障卡在工伤保险领域的应用，实现工伤保险参保缴费、工伤认定、劳动能力鉴定和待遇支付等信息互联互通。

第八条　统一工伤保险基金预算管理。工伤保险基金实行统一的预决算管理，预算的编制、执行、调整、决算、审查批准和监督管理等按照国家和省社会保险基金预算管理办法执行。

第九条　统一工伤保险基金调剂使用。建立工伤保险省级调剂金制度，工伤保险基金实行省对设区的市调剂，设区的市对所属县（市、区）统收统支。工伤保险省级调剂金（以下简称调剂金），用于防范全省工伤保险基金风险，调剂解决各地工伤保险基金支付缺口等。

第十条　调剂金由各设区的市按上年度工伤保险基金征缴收入总额（基金决算数）的4％左右上解，纳入省财政专户管理，单独建账，专款专用。

第十一条　实行省级统筹后，各设区的市除上解的调剂金外，其他结余基金（含历年、新增结余和原市级储备金）留存各市。使用结余基金须报省社会保险经办机构备案，并列入设区的市年度基金预算管理。

第十二条　实行省级统筹后，完成参保扩面任务和基金收入的设区的市，若当期工伤保险基金出现缺口，由调剂金和当地结余基金按一定比例共同负担；结余基金不足或没有结余基金的，应由结余基金承担的基金缺口由各设区的市自行解决。

调剂金管理办法，由省社会保险行政部门、财政部门另行制定。

第十三条　建立工伤保险工作目标责任制。省人力资源社会保障部门会同省财政、地税部门每年对各设区的市工伤保险目标任务完成、基金预算执行等情况进行考核。

第十四条　各地工伤保险工作业务经费由同级财政保障。工伤认定调查费、劳动能力鉴定费等按照《安徽省实施〈工伤保险条例〉办法》等相关规定执行。

第十五条　本办法由省人力资源社会保障厅、省财政厅负责解释。

第十六条　本办法自2017年7月1日起施行。

安徽省住房城乡建设厅关于印发
安徽省建筑工程施工扬尘污染防治规定的通知

各市、县人民政府，省政府各部门、各直属机构：

经省政府同意，现将《安徽省建筑工程施工扬尘污染防治规定》印发给你们，请认真贯彻执行。

安徽省住房城乡建设厅

2014 年 1 月 30 日

安徽省建筑工程施工扬尘污染防治规定

第一条 为加强建筑工程施工扬尘污染防治工作，保护和改善大气环境质量，根据《中华人民共和国大气污染防治法》、《安徽省大气污染防治行动计划实施方案》等法律法规和相关规定，结合我省实际，制定本规定。

第二条 在本省行政区域内城市和县城的建成区从事房屋建筑及市政基础设施等工程（以下简称建筑工程）的新建、改建、扩建、拆除及相关运输等有关活动，必须遵守本规定。

第三条 按照"属地管理、分级负责，谁主管、谁负责"的原则，做好建筑工程施工扬尘污染防治工作。

省住房城乡建设行政主管部门对全省建筑工程施工扬尘污染防治工作实施指导和监督管理。

市、县（区）住房城乡建设行政主管部门负责本行政区域内建筑工程施工扬尘污染防治工作的监督管理。

市、县（区）人民政府负责房屋、建（构）筑物拆除的行政主管部门应当加强拆除作业现场的监督检查，督促拆除施工单位落实各项防尘抑尘措施。

第四条 建设单位（拆除发包单位）是建筑工程施工扬尘污染防治的责任人，明确扬尘污染防治责任并监督落实；将扬尘污染防治费用列入工程安全文明施工措施费，作为不可竞争费用列入工程成本，并在开工前及时足额支付给施工单位。

第五条　施工单位依照本规定和合同约定，具体承担建筑工程施工扬尘的污染防治工作，施工总承包单位对分包单位的扬尘污染防治负总责。

　　第六条　监理单位对建筑工程施工扬尘污染防治工作负监理责任，具体负责监督施工单位扬尘污染防治措施建立、防治费用使用、防治工作责任落实等情况。

　　监理单位对施工扬尘污染防治工作不力等行为应当及时制止；对拒不整改的，应当及时向工程所在地住房城乡建设行政主管部门报告。

　　第七条　建筑工程施工扬尘治理措施应当符合下列规定：

　　（一）施工现场实行围挡封闭。主要路段施工现场围挡高度不得低于 2.5 米，一般路段施工现场围挡高度不得低于 1.8 米。围挡底边应当封闭并设置防溢沉淀井，不得有泥浆外漏。

　　（二）施工现场出入口道路实施混凝土硬化并配备车辆冲洗设施。对驶出施工现场的机动车辆冲洗干净，方可上路。

　　（三）施工现场内道路、加工区实施混凝土硬化。硬化后的地面，不得有浮土、积土，裸露场地应当采取覆盖或绿化措施。

　　（四）施工现场设置洒水降尘设施，安排专人定时洒水降尘。

　　（五）施工现场土方开挖后尽快完成回填，不能及时回填的场地，采取覆盖等防尘措施；砂石等散体材料集中堆放并覆盖。

　　（六）渣土等建筑垃圾集中、分类堆放，严密遮盖，采用封闭式管道或装袋清运，严禁高处抛洒。需要运输、处理的，按照市、县（区）政府市容环境卫生行政主管部门规定的时间、线路和要求，清运到指定的场所处理。

　　（七）外脚手架应当设置悬挂密目式安全网封闭，并保持严密整洁。

　　（八）施工现场禁止焚烧沥青、油毡、橡胶、塑料、皮革、垃圾以及其他产生有毒有害烟尘和恶臭气体的物质。

　　（九）施工现场使用商品混凝土和预拌砂浆，搅拌混凝土和砂浆采取封闭、降尘措施。

　　（十）运进或运出工地的土方、砂石、粉煤灰、建筑垃圾等易产生扬尘的材料，应采取封闭运输。

　　（十一）拆除工程工地的围挡应当使用金属或硬质板材材料，严禁使用各类砌筑墙体；拆除作业实行持续加压洒水或者喷淋方式作业；拆除作业后，场地闲置 1 个月以上的，用地单位对拆除后的裸露地面采取绿化等防尘措施。

　　（十二）根据《安徽省重污染天气应急预案》启动Ⅲ级（黄色）预警以上或气象预报风速达到五级以上时，不得进行土方挖填和转运、拆除、道路路面鼓风机吹灰等易产生扬尘的作业。

第八条　市、县（区）住房城乡建设行政主管部门应当积极建立施工现场扬尘污染防治监控平台，当地政府应给予支持。

第九条　市、县（区）住房城乡建设行政主管部门应当将施工现场扬尘治理措施和专项经费落实情况，纳入安全生产和文明施工监督管理内容，加强现场踏勘和监督检查。

第十条　各级住房城乡建设行政主管部门应当设立施工现场扬尘污染举报投诉电话，接受社会监督。

第十一条　市、县（区）住房城乡建设行政主管部门应当制定重污染天气分级响应应急预案，纳入本地区应急体系建设。国家或省发布不同级别的重污染天气预警时，应当采取扬尘防控应急措施。

第十二条　省、市住房城乡建设行政主管部门开展安全质量标准化示范工地（小区）评审时，应当将施工现场扬尘污染防治工作落实情况，作为必备条件之一纳入评审内容。

第十三条　各级住房城乡建设行政主管部门在工程监督工作中，发现有扬尘污染防治费用不落实或挪作他用情形的，应当依照相关法律法规进行处理和处罚。

第十四条　在城市和县城的建成区进行建筑工程施工，未采取有效扬尘防治措施，致使大气环境受到污染的，依照有关法律法规，限期改正，处 20000 元以下罚款；逾期仍未达到当地环境保护规定要求的，可以责令停工整顿。

第十五条　本规定自印发之日起实施。

关于阶段性降低社会保险费率的通知

皖人社发〔2016〕16 号

各市人力资源社会保障局、财政局：

根据《人力资源社会保障部 财政部关于阶段性降低社会保险费率的通知》（人社部发〔2016〕36 号）精神，经省政府同意，现就阶段性降低我省社会保险费率有关问题通知如下，请遵照执行。

1. 从 2016 年 5 月 1 日起至 2018 年 4 月 30 日止，企业职工基本养老保险单位缴费比例从 20％降到 19％；失业保险总费率由现行的 2％降至 1.5％，其中单位费率由 1.5％降至 1％，个人费率 0.5％维持不变。参保单位已按原费率缴纳 5 月份养老和失业保险费，其多缴费用可抵扣次月缴费。

2. 各地要高度重视阶段性降低社会保险费率政策，确保把国家和省的决策部署及时贯彻到位。同时，要加大扩面征缴力度，做到应保尽保，应收尽收，确保参保人员社保待遇按时足额发放。

各地执行过程中如遇到问题请及时向省人力资源社会保障厅、省财政厅报告。

安徽省人力资源和社会保障厅　安徽省财政厅

2016 年 5 月 26 日